计算机网络技术与网络安全问题研究

邓才宝　著

西北工業大學出版社

西　安

【内容简介】 本书包括网络安全概述、网络安全技术、数据加密技术与应用、网络数据库与数据安全、互联网安全、无线网络安全以及网络新技术与新趋势共七章内容。

本书可作为高等院校网络研究人员的参考书，也可作为从事相关工作人员的参考书。

图书在版编目（CIP）数据

计算机网络技术与网络安全问题研究 / 邓才宝著. — 西安:西北工业大学出版社，2019.10

ISBN 978-7-5612-6648-9

Ⅰ. ①计… Ⅱ. ①邓… Ⅲ. ①计算机网络－网络安全－研究 Ⅳ. ①TP393.08

中国版本图书馆 CIP 数据核字(2019)第 234463 号

JISUANJI WANGLUO JISHU YU WANGLUO ANQUAN WENTI YANJIU

计算机网络技术与网络安全问题研究

责任编辑：隋秀娟　　策划编辑：雷　鹏

责任校对：张　潼　　装帧设计：吴志宇

出版发行：西北工业大学出版社

通信地址：西安市友谊西路 127 号　　邮编：710072

电　　话：(029) 88493844　88491757

网　　址：www.nwpup.com

印 刷 者：北京市兴怀印刷厂

开　　本：710 mm×1 000 mm　1/16

印　　张：11.75

字　　数：210 千字

版　　次：2020 年 1 月第 1 版　2023 年 4 月第 2 次印刷

定　　价：68.00 元

前　　言

随着信息社会的到来，互联网迅猛发展，网络已经影响到社会生活的各个领域，给人们的生活方式带来了巨大的变革。在利用网络实现资源共享、进行电子商务等社会活动，享受网络给我们带来的便利的同时，安全问题也变得日益突出。黑客入侵、网络病毒肆虐、网络系统损害或瘫痪、重要数据被窃取或毁坏等，给政府、企业以及个人带来了巨大的损失，也给网络的健康发展造成巨大的障碍。网络信息安全问题已成为网络技术领域的重要研究课题，并成为一个组织生死存亡或贸易成败的决定性因素之一，因此网络信息安全逐渐成为人们关注的焦点。世界范围内的各国家、机构、组织、个人都在探寻如何保障信息安全的问题，各相关部门和研究机构也纷纷投入相当的人力、物力和财力试图解决网络信息安全问题。本书针对当前互联网安全问题进行了论述。

本书共分为七章。第一章从总体上对网络安全问题进行了阐述，包括网络安全面临的威胁与风险、网络安全体系结构、网络安全策略与技术及网络安全评价准则等；第二章针对当前的一些网络安全技术进行了研究，包括访问控制列表的配置、防火墙的配置、嗅探器(sniffer)软件的应用以及入侵检测系统等；第三章阐述了数据加密技术，包括密码学、数据加密体制、数字签名与认证及网络保密通信等；第四章论述了网络数据库与数据安全，包括网络数据库的安全特性和策略、网络数据库用户管理、数据备份恢复和容灾及大数据及其安全等；第五章论述了互联网所遇到的安全问题，包括 TCP/IP 协议及其安全、互联网欺骗、网站安全、电子邮件安全及电子商务安全等；第六章论述了无线网络安全问题，包括无线网络的协议与技术及无线网络安全等；第七章论述了当前出现的网络新技术与新趋势，包括物联网技术、云计算、虚拟化技术、三网融合及全光通信技术等。

本书在撰写过程中，参考了众多专家学者的研究成果，在此表示诚挚的感谢！由于水平有限，本书可能会存在疏漏之处，恳请广大读者给予指正，以便使本书不断完善！

著　者

目　录

第 1 章　网络安全概述

随着计算机网络技术的迅速发展和普及应用，人类已进入网络化、信息化和数字化时代，计算机网络技术的发展与应用已成为影响一个国家或地区政治、经济、军事、科学与文化发展的重要因素之一，也是影响人们日常生活的重要因素。但由于计算机网络具有开放性和互联性等特征，因此极易受到异常因素的影响，如网络受到黑客和病毒的攻击和入侵，网络系统遭到破坏，导致信息的泄露或丢失。因此，如何有效地保证网络系统安全，已成为各国政府非常关注的问题。

1.1　网络安全概论

网络安全是一门涉及领域相当广泛的学科，这是因为在目前的公用通信网络中存在着各种各样的安全漏洞和威胁。凡是涉及网络上信息的机密性、完整性、可用性、真实性和可控性的相关技术和理论都是网络安全的研究范围。

1.1.1 网络安全的概念

网络安全本质上就是网络上的信息系统安全。网络安全包括系统安全运行和系统信息安全保护两方面。信息系统的安全运行是信息系统提供有效服务(即可用性)的前提，信息的安全保护主要是确保数据信息的机密性和完整性。

从不同的角度来看，网络安全又具有不同的含义。

从用户(个人、企业等)的角度来讲，希望涉及个人隐私或商业利益的信息在网络上传输时受到机密性、完整性和真实性的保护，避免其他人或对手利用窃听、冒充、篡改或抵赖等手段对用户的利益和隐私造成损害，同时也希望当信息保存在某个网络系统中时，不受其他非法用户的非授权访问和破坏。

从网络运行和网络管理者的角度来讲，希望对本地网络信息的访问操作能够得到保护和控制，避免遭受病毒、非法存取、拒绝服务或网络资源的非法占用及非法控制等威胁，制止和防御网络黑客的攻击。

对安全保密部门来讲，希望对非法的、有害的或涉及国家或地区机密的信息进行过滤和防护，防止其通过网络泄露，避免由于这类信息的泄露对社会产生危害，给国家造成巨大的损失，甚至威胁到国家安全。

从社会教育和意识形态角度来讲，网络上不健康的内容会对社会的稳定和人类的发展造成阻碍，必须对其进行控制。

由此可见，网络安全在不同的环境和具体的应用中可以有不同的解释。

1.1.2 网络安全目标

网络安全的目标主要表现在系统的可用性、可靠性、机密性、完整性、不可抵赖性及可控性等方面。

1．可用性

可用性是网络信息可被授权实体访问并按需求使用的特性。网络最基本的功能就是为用户提供信息和通信服务，而用户对信息和通信的需求是随机的(内容的随机性和时间的随机性)、多方面的(文字、语音、图像等)，有的用户还对服务的实时性有较高的要求。网络必须能保证所有用户的通信需要，一个授权用户无论何时提出要求，网络都必须是可用的，不能拒绝用户的要求。网络环境下拒绝服务、破坏网络和有关系统的正常运行等都属于对可用性的攻击。对于此类攻击，一方面要采取物理加固技术，保障物理设备安全、可靠地工作；另一方面要通过访问控制机制，阻止非法用户进入网络。

2．可靠性

可靠性是指网络信息系统能够在规定条件下和规定时间内，实现规定功能的特性。可靠性是网络安全最基本的要求之一，是所有网络信息系统建设和运行的目标。目前，对于网络可靠性的研究偏重于硬件方面，主要采用硬件冗余、提高可靠性和精确度等方法。实际上，软件的可靠性、人员的可靠性和环境的可靠性在保证系统可靠性方面也是非常重要的。

3．机密性

机密性是网络信息不被泄露给非授权用户和实体，或供其利用的特性。这些信息不仅指国家或地区的机密，也包括企业和社会团体的商业和工作秘密，还包括个人的秘密(如银行账号)和个人隐私等。机密性主要通过信息加密、身份认证、访问控制、安全通信协议等技术实现，它是在可用性和可靠性的基础上，保障网络信息安全的重要手段。

4．完整性

完整性是网络信息未经授权不能进行改变的特性。网络信息在存储或传输的过程中应保证不被偶然或蓄意地篡改或伪造，确保授权用户得到的信息是真实的。如果信息被未经授权的实体修改了或在传输的过程中出现错误，信息的使用者应能够通过一定的方式判断出信息是否真实可靠。

5．不可抵赖性

不可抵赖性也称可审查性，是指通信双方在通信过程中，对自己所发送或接收的消息不可抵赖，即发送者不能否认其发送过消息的事实和消息的内容，接收者也不能否认其接收到消息的事实和内容。

6．可控性

可控性是对网络信息的内容及其传播具有控制能力的特性。保障系统依据授权提供服务，使系统在任何时候都不被非授权人使用，对黑客入侵、口令攻击、用户权限非法提升、资源非法使用等采取防范措施。

1.2　网络安全面临的威胁与风险

网络的开放性和共享性在方便人们使用的同时，也使得网络系统容易受到黑客攻击。网络的安全威胁是指对网络系统的网络服务、网络信息的机密性和可用性产生不利影响的各种因素。网络威胁也包括缓冲区溢出、假冒用户、电子欺骗等安全漏洞。

1.2.1 网络安全漏洞

目前，没有安全漏洞的计算机网络几乎是不存在的。而正是因为这些漏洞才使得攻击能够成功，从而引起了攻击者的兴趣。安全漏洞是网络被攻击的客观原因，它与许多技术因素有关。

1．漏洞的概念

从广义上讲，漏洞是在硬件、软件、协议的具体实现或系统安全策略以及人为因素上存在的缺陷，从而可以使攻击者能够在未经系统合法用户授权的情况下访问或破坏系统。全世界的路由器、服务器和客户端软件、操作系统和防火墙等每时每刻都会有很多漏洞出现，它们会影响到很大范围内的网络安全。

漏洞是由于系统设计人员、制造人员、检测人员或管理人员的疏忽或过失而隐藏在系统中的。发现漏洞的人主要包括计算机专家、黑客、安全服务商、安全组织、系统管理员和个人用户等。当发现漏洞时，计算机专家和安全服务商组织通常会向安全组织机构发出警告。黑客发现新漏洞后会采用新的攻击方法进行网络攻击，新的攻击方法意味着新漏洞的发现，因此黑客是通过网络攻击活动间接发布漏洞信息的。

1988 年美国的莫里斯蠕虫事件，导致上千台计算机崩溃，造成了巨大的损失，使人们认识到网络安全状况的脆弱性和突发性，以及对网络安全事件进行紧急响应的重要性。在美国国防部资助下，卡内基梅隆大学软件工程研究中心成立了世界上第一个计算机紧急响应小组(Computer Emergency Response Team，CERT)。CERT 是著名的信息安全组织，专门处理计算机网络安全问题。CERT 主要提供针对新的安全漏洞发布建议，24 小时全天候为遭受破坏的用户提供重要技术意见，利用它的 Web 站点提供有用的安全信息等服务。这些年来，CERT 在反击大规模的网络入侵方面起到了重要作用。

2. 漏洞类型

根据漏洞的载体(网络实体)类型，漏洞主要分为操作系统漏洞、网络协议漏洞、数据库漏洞和网络服务漏洞等。

(1) 操作系统漏洞。

任何操作系统都可能存在漏洞，这些漏洞产生的原因很多，主要有以下几种。

1) 操作系统陷门。一些操作系统为了安装其他公司的软件包而保留了一种特殊的管理程序功能，尽管此功能的调用需要以特权方式进行。但如果未受到严密的监控和必要的认证限制，就有可能形成操作系统陷门。

2) 输入输出的非法访问。有些操作系统一旦输入输出(IO)，操作被检查通过后，该操作系统就会继续执行下去而不再检查，从而造成后续操作的非法访问。还有些操作系统使用公共系统缓冲区，任何用户都可以搜索该缓冲区，如果该缓冲区没有严格的安全措施，那么其中的机密信息(如用户的认证数据、口令等)就有可能被泄露。

3) 访问控制的混乱。在操作系统中，安全访问强调隔离和保护措施，而资源共享要求开放。如果在设计操作系统时不能处理好这二者之间的矛盾关系，就可能出现安全问题。

4) 不完全的中介。完全的中介必须检查每次的访问请求以进行适当的审批，而某些操作系统却省略了必要的安全保护。要建立安全的操作系统，必须构造操作系统的安全模型和不同的实施方法。另外，还需要建立和完善操作系统的评估标准、评价方法和测试质量。

(2) 网络协议漏洞。

TCP / IP 的目标是保证通信和传输。TCP / IP 没有内在的控制机制支持源地址的鉴别，这是 TCP / IP 存在漏洞的根本原因。黑客就会利用 TCP / IP 的漏洞，使用侦听方法来获取数据，对数据进行检查、推测 TCP 的序列号、修改传输路由、修改鉴别过程、插入黑客指令等。

(3) 数据库漏洞。

数据库管理系统(DBMS)作为操作系统的应用程序，其库文件可以被看作操作系统上的一个客体，其应用进程又是操作系统的主体。因此，数据库的安全是以操作系统的安全为基础的，没有操作系统的安全，就谈不上数据库的安全。但是，并不是有了安全的操作系统，就能绝对保证数据库的安全。由于对数据库的管理是建立在分级管理的概念上的，所以其安全性不是绝对的。

(4) 网络服务漏洞。

1) 匿名 FTP。匿名 FTP 是人们常用的一种 FTP 服务方式。多数 FTP 服务器可以用 Anonymous 用户名登录，这样就存在用户破坏系统和文件的可能性。另外，上传的软件可能具有破坏性，大量上传的文件还会耗费磁盘空间。建立匿名服务器时，应当确保用户不能访问系统的重要部分，尤其是包含系统配置信息的文件目录。如果没必要使用匿名登录，应将其关闭，并定时检查服务器日志。

2) 电子邮件。电子邮件服务器本身就存在安全漏洞，一旦漏洞被黑客利用就可能对网络造成巨大的威胁。如 UNIX / Linux 系统的邮件服务器 Sendmail 是以 root 账号运行的，如果黑客掌握了这个漏洞就可以利用它来攻击系统。曾经就有蠕虫病毒利用 Sendmail 的安全缺陷使大批的网络服务器陷于瘫痪的案例。

3) 域名服务(DNS)。DNS 需要用户提供用户机器的硬件和软件信息。黑客经常把它作为一种攻击目标。假冒的 DNS 服务器可能会提供一些错误的信息甚至错误的域名解析，这样就造成了 DNS 欺骗。

4) Web 服务。Web 服务器本身存在一些漏洞，如 IIS(运行于 Windows 下)和 Apache(运行于 UNIX 下)本身的漏洞，使得黑客能入侵到主机系统，破坏一些重要数据，甚至造成系统瘫痪。另外，程序员在编写 CGI 程序时会留下一些漏洞，从而为网络攻击者创造了条件。

3. 典型的网络结构及安全漏洞

典型的网络结构及安全漏洞如图 1.2.1 所示，这些安全漏洞及其原因有以下几点。

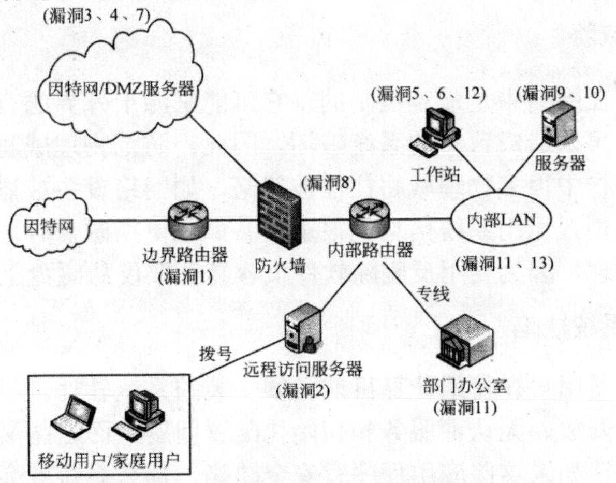

图 1.2.1　典型的计算机网络结构及安全漏洞

(1) 不充分的路由器访问控制。配置不当的路由器 ACL 会使 ICMP、IP 和 NetBIOS 信息泄露，从而导致对目标网点 DMZ 上服务器所提供的服务进行未授权的访问。

(2) 未实施安全措施且无人监管的远程访问网点，容易成为攻击者进入网络的入口。

(3) 操作系统和应用程序版本、用户或用户组、共享资源、DNS 信息以及运行中的服务(如 SNMP)等信息不经意地泄露给攻击者。

(4) 运行非必要服务(如 FTP 等)的主机提供了进入内部网络的通路。

(5) 客户机上级别低的、易于被猜中或重用的口令使服务器易被入侵。

(6) 具有太多特权的用户账号或测试账号。

(7) 配置不当的互联网服务器，特别是 Web 服务器上 CGI 脚本和匿名 FTP。

(8) 配置不当的防火墙或路由器允许直接侵入某个服务器后访问内部系统。

(9) 没有打过补丁的、过时的、脆弱的或遗留在默认配置状态的软件。

(10) 过度的文件和目录访问控制。

(11) 过度的信任关系将给攻击者提供未授权访问敏感信息的机会。

(12) 不加认证的服务。

(13) 没有采纳公认的安全策略、规程、指导和最低基线标准。

1.2.2 网络安全的威胁

网络安全的威胁来自于网络中存在的不安全因素。网络不安全因素有两方面：一方面是网络本身的不可靠性和脆弱性；另一方面是人为破坏，这也是网络安全的最大威胁。网络安全的主要威胁有以下几种。

1．物理威胁

物理威胁在网络中是最难控制的，它可能来源于外界的有意或无意的破坏。物理威胁有时可以造成致命的系统破坏。因此，防范物理威胁是很重要的。但在网络管理和维护中很多物理威胁往往被忽略，如网络设备被盗等。另外，在更换设备时，注意销毁无用系统信息也很重要。如在更换磁盘时，必须对不用的磁盘进行格式化处理，因为利用反删除软件很容易获取仅从磁盘上删除的文件。

2．操作系统缺陷

操作系统是用户在使用计算机前必须安装的系统软件。很多操作系统在安装时都存在端口开放、无认证服务和初始化配置问题，而这些又是操作系统自带的系统应用程序，如果这些应用程序有安全缺陷，那么系统就会处于不安全状态，这将极大地影响系统的信息安全。

3．网络协议缺陷

由于 TCP / IP 在最初设计时并没有把安全作为考虑重点，而所有的应用协议都是基于 TCP / IP 的，所以各种网络低层协议本身的缺陷将会极大地影响上层应用的安全。

4．体系结构缺陷

在现实应用中，大多数体系结构的设计和实现都存在着安全问题，即使是完美的安全体系结构，也有可能会因为一个小小的编程缺陷而被攻击。另外，安全体系中的各种构件如果缺乏密切的合作，也容易导致整个系统被各个击破。

5．黑客程序

黑客(Hacker)的原意是指具有高超编程技术、强烈解决问题和克服限制欲望的人，而现在是泛指那些强行闯入系统或以某种恶意的目的破坏系统的人。黑客程序是一类专门用于通过网络对远程计算机设备进行攻击，进而控制、窃取、破坏信息的软件程序。

6．计算机病毒

计算机病毒是指在计算机程序中编制或插入的、破坏计算机功能或数据、影响计算机使用且能够自我复制的一组计算机指令或程序代码，它具有寄生性、潜伏性、传染性和破坏性等特征。随着网络技术的发展，计算机病毒的种类越来越多，如系统病毒、脚本病毒、宏病毒、后门病毒和捆绑机病毒等。

1.2.3 网络安全的风险评估

由于网络系统会受到多种形式的威胁，所以绝对安全与可靠的网络系统是不存在的，只能通过一定的措施把风险降到一个可以接受的程度。定期对企业的安全工作进行分析是非常重要的，但同样不可轻视的还包括在这个过程中进行网络风险评估。

风险评估(Risk Assessment)是对信息资产面临的威胁、存在的弱点、造成的影响，以及三者综合作用而带来风险的可能性的评估。作为风险管理的基础，风险评估是确定信息安全需求的一个重要途径，属于组织信息安全管理体系策划的过程。

网络安全的风险评估是有效保证信息系统安全的前提条件。只有准确地了解系统的安全需求、安全漏洞及其可能的危害，才能制定并实施正确的安全策略。另外，风险评估也是制定安全管理措施的依据之一。网络风险评估包括对来自企业外部的网络风险和企业内部网络风险进行评估。对企业内部的网络风险评估与外部的风险评估使用相同的方法，不过要从访问内网的用户角度来指导进行。

通过对网络系统全面、充分、有效的安全评估，能够快速检测出网络上存在的安全隐患、网络系统中存在的安全漏洞、网络系统的抗攻击能力等。根据对网络业务的安全需求、安全策略和安全目标的评估结果，可以提出合理的安全防护措施建议。网络安全评估主要有以下项目。

(1) 安全策略评估。

(2) 网络物理安全评估。

(3) 网络隔离的安全性评估。

(4) 系统配置的安全性评估。

(5) 网络防护能力评估。

(6) 网络服务的安全性评估。

(7) 网络应用系统的安全性评估。

(8) 病毒防护系统的安全性评估。

(9) 数据备份的安全性评估。

网络安全在过去一直倾向于采取被动式管理的防护策略，被动式防护所使用的设备及工具也是最省事且直接有效的，例如防火墙、入侵检测等。但在复合式病毒出现后，被动式防护策略的防御力已显得不足。漏洞扫描仪是网络安全中评估弱点及风险的重要工具，其主要功能是找出网络主机及设备的漏洞和隐藏性风险以及鉴定网络架构的安全程度，可对 SMTP、POP、HTTP、FTP、SNMP、Telnet、SSH、NFS 等协议和账号密码的管理疏失及不当的设定做安全检测。它还可对防火墙、路由器等硬件设备以及数据库服务器等进行检测。漏洞扫描后所产生的风险评估安全报告也可分别提供给管理者及技术人员，管理者报告仅提供了解整个网络的安全状态及风险程度分析，而技术人员报告则提供每一个弱点说明、修补建议和修补方法。这样可将隐藏性风险及威胁降至最低，使原本必须大费周折的弱点安全评估工作变得轻松容易。

一般来说，一个有效的网络风险评估测试方法可以解决以下问题。

(1) 防火墙配置不当的外部网络拓扑结构。

(2) 路由器过滤规则和设置不当。

(3) 弱认证机制。

(4) 配置不当或易受攻击的电子邮件和 DNS 服务器。

(5) 潜在的网络层 Web 服务器漏洞。

(6) 配置不当的数据库服务器。

(7) 易受攻击的 FTP 服务器。

1.3　网络安全体系结构

网络安全体系结构是网络安全层次的抽象描述。在大规模的网络工程建设、管理及基于网络安全系统的设计与开发过程中，需要从全局的体系结构角度考虑安全问题的整体解决方案，才能保证网络安全功能的完备性和一致性，降低安全代价和管理开销。这样一个网络安全体系结构对于网络安全的设计、实现与管理都有重要的意义。

网络安全是一个范围较广的研究领域，人们一般都只是在该领域中的一个小范围做自己的研究，开发能够解决某种特殊的网络安全问题方案。例如，有人专门研究加密和鉴别，有人专门研究入侵和检测，有人专门研究黑客攻击等。网络安全体系结构就是从系统化的角度理解这些安全问题的解决方案，对研究、实现和管理网络安全的工作具有全局指导作用。

1.3.1 OSI 安全体系

1．OSI 参考模型

OSI 参考模型是国际标准化组织(ISO)为解决异种机互连而制定的开放式计算机网络层次结构模型，它的最大优点是将服务、接口和协议这三个概念明确地区分开来。OSI 参考模型将计算机网络划分为七个层次，自下而上分别为物理层、数据链路层、网络层、传输层、会话层、表示层和应用层。

ISO 于 1989 年 2 月公布的 ISO 7498-2《网络安全体系结构》文件，给出了 OSI 参考模型的安全体系结构，简称 OSI 安全体系结构。这是一个普遍适用的安全体系结构，它对具体网络的安全体系结构具有指导意义，其核心内容是保证异构网络系统之间远距离交换信息的安全。

OSI 安全体系结构主要包括网络安全机制和网络安全服务两方面的内容。网络安全机制和安全服务与 OSI 网络层次之间形成了一定的逻辑关系。

2．网络安全机制

在《网络安全体系结构》文件中规定的网络安全机制有八项：加密机制、数字签名机制、访问控制机制、数据完整性机制、交换鉴别机制、信息量填充机制、路由控制机制和公证机制。OSI 安全体系结构、安全服务、安全机制及 OSI 层次之间的关系如图 1.3.1 所示、见表 1.3.1 和表 1.3.2。

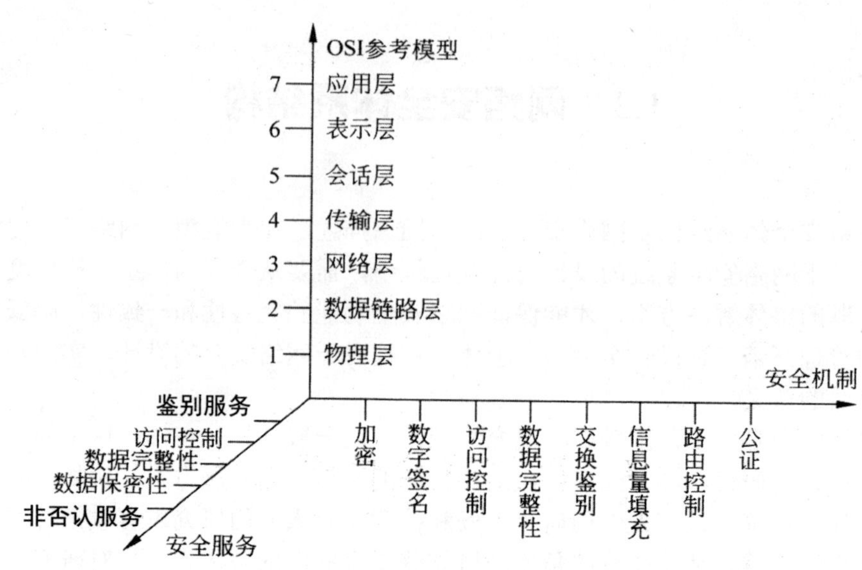

图 1.3.1　OSI 网络安全体系结构

表 1.3.1　与网络各层相关的 OSI 安全服务

安全服务		OSI 层次						
		1	2	3	4	5	6	7
鉴别服务	同等实体鉴别			√	√			√
	数据源鉴别			√	√			√
访问控制	访问控制服务			√	√			√
数据完整性	带恢复功能的连接完整性	√			√			√
	不带恢复功能的连接完整性			√	√			√
	选择字段连接完整性							√
	选择字段无连接完整性			√	√			√
	无连接完整性							√
数据保密性	连接保密性	√	√	√	√		√	√
	无连接保密性		√	√	√		√	√
	信息流保密性	√		√				√
非否认服务	发送非否认							√
	接受非否认							√

注：√表示提供安全服务，空白表示不提供安全服务。

表 1.3.2　OSI 安全服务与安全机制的关系

安全服务		安全机制							
		加密	数字签名	访问控制	数据完整性	交换鉴别	信息量填充	路由控制	公证
鉴别服务	同等实体鉴别	√	√			√			
	数据源鉴别	√	√						
访问控制	访问控制			√					
数据完整性	带恢复功能的连接完整性	√			√				
	不带恢复功能的连接完整性	√			√				
	选择字段连接完整性	√			√				
	选择字段无连接完整性	√	√		√				
	无连接完整性	√	√		√				
数据保密性	连接保密性	√						√	
	无连接保密性	√						√	
	信息量保密性	√					√	√	
非否认服务	发送非否认		√		√				√
	接受非否认		√		√				√

注：√表示提供安全服务，空白表示不提供安全服务。

(1) 加密机制。

数据加密是提供信息保密的主要方法，可保护数据存储和传输的保密性。此外，加密技术与其他技术合作，可保证数据的完整性。

(2) 数字签名机制。

数字签名可解决传统手工签名中存在的安全缺陷，在电子商务中使用较为广泛。数字签名主要解决否认问题(发送方否认发送了信息)、伪造问题(某方伪造了文件却不承认)、冒充问题(冒充合法用户在网上发送文件)和篡改问题(接收方私自篡改文件内容)。

(3) 访问控制机制。

访问控制机制可以控制哪些用户对哪些资源进行访问，以及对这些资源可以访问到什么程度。如非法用户企图访问资源，该机制则会加以拒绝，并将这一非法事件记录在审计报告中。访问控制可以直接支持数据的保密性、完整性和可用性，它对数据的保密性、完整性和可用性所起的作用是非常明显的。

(4) 数据完整性机制。

数据完整性机制保护网络系统中存储和传输的软件(程序)和数据不被非法改变，如添加、删除和修改等。

(5) 交换鉴别机制。

交换鉴别机制是通过相互交换信息来确定彼此的身份。在计算机中，鉴别主要有站点鉴别、报文鉴别、用户和进程的认证等，通常采用口令、密码技术、实体的特征或所有权等手段进行鉴别。

(6) 信息量填充机制。

攻击者将对传输信息的长度、频率等特征进行统计，以便进行信息流量分析，从中得到对其有用的信息。采用信息量填充机制，可保持系统信息量基本恒定，因此能防止攻击者对系统进行信息流量分析。

(7) 路由控制机制。

路由控制机制可以指定通过网络发送数据的路径，因此，采用该机制可以选择那些可信度高的结点传输信息。

(8) 公证机制。

公证机制就是在网络中设立一个公证机构，来中转各方交换的信息，并从中提取相关证据，以便对可能发生的纠纷做出仲裁。

3．网络安全服务

在“网络安全体系结构”文件中规定的网络安全服务有五项：鉴别服务、访问控制服务、数据完整性服务、数据保密性服务和非否认服务。

(1) 鉴别服务。

鉴别服务包括同等实体鉴别和数据源鉴别两种服务。使用同等实体鉴别服务可以对两个同等实体(用户或进程)在建立连接和开始传输数据时进行身份的合法性和真实性验证，以防止非法用户的假冒，也可防止非法用户伪造连接初始化攻击。数据源鉴别服务可对信息源点进行鉴别，确保数据是由合法用户发出的，以防假冒。

(2) 访问控制服务。

访问控制包括身份验证和权限验证。访问控制服务防止未授权用户非法访问网络资源，也防止合法用户越权访问网络资源。

(3) 数据完整性服务。

数据完整性服务防止非法用户对正常数据的变更，如修改、插入、延时或删除，以及在数据交换过程中的数据丢失。数据完整性服务可分为以下五种情形，通过这些服务可以满足不同用户、不同场合对数据完整性的要求。

1) 带恢复功能的面向连接的数据完整性。

2) 不带恢复功能的面向连接的数据完整性。

3) 选择字段面向连接的数据完整性。

4) 选择字段无连接的数据完整性。

5) 无连接的数据完整性。

(4) 数据保密性服务。

采用数据保密性服务的目的是保护网络中各通信实体之间交换的数据，即使被非法攻击者截获，也使其无法解读信息内容，以保证信息不失密。该服务也提供面向连接和无连接两种数据保密方式。保密性服务还提供给用户可选字段的数据保护和信息流安全，即对可能从观察信息流就能推导出的信息提供保护。信息流安全的目的是确保信息从源点到目的点的整个流通过程的安全。

(5) 非否认服务。

非否认服务可防止发送方发送数据后否认自己发送过数据，也可防止接收方接收数据后否认自己接收过数据。它由源点非否认服务和交付非否认服务两种服务组成。这实际上是一种数字签名服务。

1.3.2 网络安全模型

计算机网络与信息安全是一个系统工程，必须保证网络系统和信息资源的整体安全性。为此，人们建立了网络安全模型，并对其整体安全性进行研究。P2DR 和 PDRR 就是常用的两种安全模型。

1. P2DR 网络安全模型

P2DR 是美国国际互联网安全系统公司(ISS)提出的动态网络安全体系的代表模型，也是动态安全模型的雏形。它包含四个主要部分：策略(Policy)、防护(Protection)、检测(Detection)和响应(Response)。其中，防护、检测和响应组成了一个完整、动态的安全循环(见图 1.3.2)，在安全策略的指导下保证网络的安全。

P2DR 模型的基本思想是：在整体安全策略的控制和指导下，在综合运用防护工具(如防火墙、身份认证、加密等)的同时，利用检测工具(如漏洞评估、入侵检测等)了解和评估系统的安全状态，通过适当的反应将系统调整到“最安全”和“风险最低”的状态。

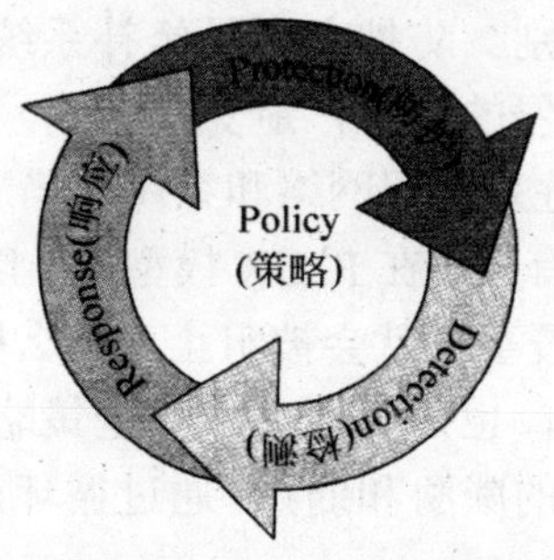

图 1.3.2　P2DR 安全模型

(1) 策略(Policy)。

在建立网络安全系统时，一个重要任务就是制定网络安全策略。策略体系的建立包括安全策略的制定、安全策略的评估和安全策略的执行等过程。网络安全策略一般包括两部分：总体的安全策略和具体的安全规则。总体的安全策略用于阐述本部门网络安全的总体思想和指导方针；具体的安全规则是根据总体安全策略提出的具体网络安全实施规则，它用于说明网络上什么活动是被允许的，什么活动是被禁止的。

由于安全策略是安全管理的核心，要实施动态网络安全循环过程必须制定网络系统的安全策略，所有的防护、检测、响应都是依据安全策略实施的，网络系统安全策略为安全管理提供管理方向和支持手段。

(2) 防护(Protection)。

防护是根据系统可能出现的安全问题采取一些预防措施，通过一些传统的静态安全技术及方法来实现的。通常采用的主动防护技术有：数据加密、身份验证、访问控制、授权和虚拟专用网技术等；被动防护技术有防火墙技术、安全扫描、入侵检测、路由过滤、数据备份和归档、物理安全、安全管理等。

安全防护是 P2DR 模型中最重要的部分，通过它可以预防大多数的入侵事件。防护包含系统安全、网络安全和信息安全三种防护类型。系统安全防护指操作系统的安全防护，即各个操作系统的安全配置、使用和打补丁等，不同操作系统有不同的防护措施和相应的安全工具；网络安全防护指网络管理的安全及网络传输的安全；信息安全防护指数据本身的保密性、完整性和可用性，数据加密就是信息安全防护的重要技术。

(3) 检测(Detection)。

攻击者如果穿过防护系统，检测系统就要将其检测出来，如检测入侵者的身份、攻击源点和系统损失等。防护系统可以阻止大部分的入侵事件，但不能阻止所有的入侵事件，特别是那些利用新的系统缺陷、新的攻击手段的入侵。如果入侵事件发生，就要启动检测系统进行检测。

检测与防护有根本的区别。防护主要是修补系统和网络缺陷，增加系统的安全性能，从而消除攻击和入侵的条件，避免攻击的发生；而检测是根据入侵事件的特征进行的，因为黑客往往是利用网络和系统缺陷进行攻击的，所以入侵事件的特征一般与系统缺陷的特征有关。在 P2DR 模型中，防护和检测有互补关系。如果防护系统过硬，绝大部分入侵事件就会被阻止，那么检测系统的任务就减少了。

检测是动态响应的依据，也是强制落实安全策略的有力工具，通过不断地检测和监控网络系统来发现新的威胁和弱点，通过循环反馈来及时做出有效的响应。

(4) 响应(Response)。

系统一旦检测出有入侵行为，响应系统则开始响应，进行事件处理。P2DR 中的响应就是在已知入侵事件发生后进行的紧急响应(事件处理)。响应工作可由一个特殊部门负责，那就是计算机安全应急响应小组。从 CERT 建立之后，世界各国和地区以及各机构也纷纷建立自己的计算机应急响应小组。我国第一个计算机安全应急响应小组(CCERT)于 1999 年建立，主要服务于 CERNET。不同机构的网络系统也有相应的计算机安全应急响应小组。

响应的主要工作可分为紧急响应和恢复处理两种。紧急响应就是当安全事件发生时采取的应对措施；恢复处理是指事件发生后，把系统恢复到原来状态或比原来更安全的状态。

紧急响应在安全系统中占有重要的地位，是解决潜在安全性问题最有效的办法。从某种意义上讲，解决安全问题就是要解决紧急响应和异常处理问题。要解决好紧急响应问题，就要制订好紧急响应方案，做好紧急响应方案中的一切准备工作。

恢复处理包括系统恢复和信息恢复两方面。系统恢复是指修补缺陷和消除后门，不让黑客再利用这些缺陷入侵系统。消除后门是系统恢复的一项重要工作。一般而言，黑客第一次入侵是利用系统缺陷，在入侵成功后就在系统中留下一些后门(如安装木马)，因此尽管缺陷被补丁修复，黑客还可再通过其留下的后门入侵系统。信息恢复是指恢复丢失的数据。丢失数据可能是由黑客入侵所致，也可能是由系统故障、自然灾害等原因所致。

2. PDRR 网络安全模型

PDRR 是美国国防部提出的安全模型，它包含了网络安全的四个环节：防护(Protection)、检测(Detection)、响应(Response)和恢复(Recovery)，如图 1.3.3 所示。PDRR 模式是一种公认的比较完善也比较有效的网络信息安全解决方案，可用于政府、机关、企业等机构的网络系统。

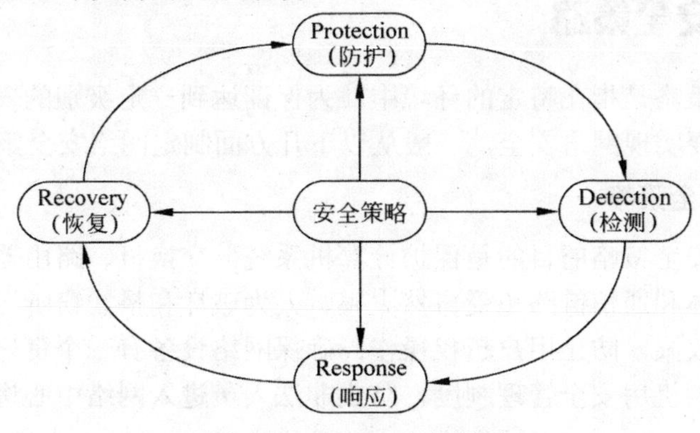

图 1.3.3　PDRR 安全模型

PDRR 模型与前述的 P2DR 模型有很多相似之处。其中防护(Protection)和检测(Detection)两个环节的基本思想是相同的，P2DR 模型中的响应(Response)环节包含了紧急响应和恢复处理两部分，而在 PDRR 模型中响应(Response)和恢复(Recovery)是分开的，内容也有所扩展。

响应是在已知入侵事件发生后，对其进行处理。在大型网络中，响应除了对已知的攻击采取应对措施外，还提供咨询、培训和技术支持。人们最熟悉的响应措施就是采用杀毒软件对因计算机病毒造成的系统损害的处理。

恢复是 PDRR 网络信息安全解决方案中的最后环节。它是在攻击或入侵事件发生后，把系统恢复到原来的状态或比原来更安全的状态，把丢失的数据找回来。恢复是对入侵最有效的挽救措施。

P2DR 和 PDRR 安全模型都存在一定的缺陷。它们都更侧重于技术，而对诸如管理方面的因素并没有强调。模型中一个明显的不足就是忽略了内在的变化因素，如人员的流动、人员素质的差异和策略贯彻的不稳定性等。实际上，安全问题牵涉面广，除了涉及防护、检测、响应和恢复外，还涉及系统本身安全的“免疫力”的增强、系统和整个网络的优化，以及人员素质的提升等，都是网络安全中应该考虑到的问题。网络安全体系应该是融合了技术和管理在内的一个可以全面解决安全问题的体系结构，且应具有动态性、过程性、全面性、层次性和平衡性等特点。

1.4 网络安全策略与技术

网络安全是一项复杂的系统工程，针对来自不同方面的安全威胁，需要采取不同的安全对策。只有在法律、制度和管理上采取综合策略，再利用先进的网络安全技术，才能使网络系统达到较好的安全效果。

1.4.1 网络安全策略

网络安全策略是指在特定的环境中，为保证达到一定级别的安全保护所必须遵守的规则。要实现网络安全，一般从以下几方面制定网络安全策略。

1．物理安全策略

制定物理安全策略的目的是保护计算机系统、交换机、路由器、服务器、打印机等硬件实体和通信链路免受自然灾害、人为破坏和搭线窃听等攻击；验证用户身份和使用权限，防止用户越权操作；确保网络设备有一个良好的电磁兼容环境；建立完备的机房安全管理制度，防止非法人员进入网络中心进行偷窃和破坏活动等。

2．访问控制策略

访问控制的主要任务是保证网络资源不被非法使用和访问。它通过减少用户对资源的访问来降低资源被攻击的概率，以达到保护网络系统安全的目的。访问控制策略是保证网络安全最重要的核心策略之一，是维护网络系统安全、保护网络资源的重要手段。

3．信息加密策略

信息加密的目的是要保护网络系统中存储的数据和在通信线路上传输的数据的安全。网络加密可以在数据链路层、网络层和应用层实现，用户可根据不同的需要，选择适当的加密方式。加密是实现网络安全的最有效的技术之一。

4．安全管理策略

在网络安全中，加强网络的安全管理，制定有关规章制度，对于确保网络的安全、可靠运行，将起到十分有效的作用。使用计算机网络的各企事业单位，应建立相应的网络安全管理办法，加强内部管理，提高整体的网络安全意识。网络安全管理策略包括：确定安全管理等级和安全管理范围，制定有关网络操作的使用规程和人员出入机房的管理制度，制定网络系统的维护制度和应急措施，等等。

除了以上所述的安全策略之外，制定严格的法律、法规也是保证网络安全的有效方法。网络上计算机犯罪已经逐渐成为当今社会的主要犯罪形式之一，因此，必须建立相关的法律、法规，使非法分子慑于法律的威严，不敢轻举妄动。

1.4.2 网络安全技术

先进的网络安全技术是实现网络安全的根本保证。用户对自身面临的威胁进行风险评估，决定其所需要的安全服务种类，选择相应的安全机制，再集成先进的安全技术，就形成一个全方位的安全问题解决方案。

1．安全漏洞扫描技术

安全漏洞扫描技术用于对网络系统进行安全检查，寻找和发现其中可被攻击者利用的安全漏洞和隐患。安全漏洞扫描技术通常采用被动式和主动式两种策略。被动式策略是基于主机的检测，对系统中不适当的系统设置、脆弱的口令及其他违反安全规则的对象进行检查；主动式策略是基于网络的检测，通过执行一些脚本文件对系统进行非破坏性攻击，并根据系统的反应来判断是否存在安全漏洞。检测结果将指出系统所存在的安全漏洞，并给出阻塞漏洞的律议。

2. 网络嗅探技术

网络嗅探技术是利用计算机的网络端口截获网络中数据报文的一种技术。它工作在网络的底层，可以对网络传输数据进行记录，从而帮助网络管理员分析网络流量，找出网络潜在的问题。例如，网络的某一段运行得不是很好，报文发送比较慢，而用户又不知道问题出在什么地方，此时就可以用嗅探器来做出精确的问题判断。

3. 数据加密技术

数据加密技术就是对信息进行重新编码，从而达到隐藏信息内容，使非法用户无法获取信息真实内容的一种技术手段。现代加密算法不仅可以实现信息加密，还可以实现数字签名和身份认证等功能，因此，数据加密技术是网络信息安全的核心技术。

4. 数字签名技术

数字签名是在电子文件上签名的技术，以解决伪造、抵赖、冒充和篡改等安全问题。数字签名一般采用非对称加密技术。签名者用自己的私钥对明文进行加密，将其作为签名；接收方使用签名者的公钥对签名进行解密，若结果与明文一致，则证明对方身份是真实的。

5. 鉴别技术

鉴别技术用在安全通信中，目的是对通信双方的身份以及传输数据的完整性进行验证。按照鉴别内容的不同，鉴别技术可以分为用户身份鉴别和消息内容鉴别。利用数字签名，可同时实现收发双方的身份鉴别和消息完整性鉴别。

6. 访问控制技术

访问控制通常采用设置口令和入网限制，采取 CA 认证和数字签名等技术对用户身份进行验证和确认，设置不同软件及数据资源的属性和访问权限，进行网络监控、网络审计和跟踪，使用防火墙系统、入侵检测和防护系统等方法实现。

7. 安全审计技术

安全审计技术能记录用户使用计算机网络系统进行所有活动的过程，是提高网络安全性的重要工具。它通过记录和分析历史操作，能够发现系统漏洞或对可能产生破坏性的行为进行审计跟踪。

8. 防火墙技术

防火墙是在两个网络之间执行访问控制策略的一个或一组系统，它包括硬件和软件。防火墙对经过的每一个数据包进行检测，判断数据包是否与事先设置的过滤规则匹配，并按控制机制做出相应的动作，从而保护网络的安全。防火墙是企业网与互联网连接的第一道屏障。

9．入侵检测技术

网络入侵检测技术是一种动态的攻击检测技术，能够在网络系统的运行过程中发现入侵者的攻击行为和踪迹。一旦发现网络被攻击，立刻根据用户所定义的动作做出反应，如报警、记录、切断或拦截等。入侵检测系统被认为是防火墙之后的第二道安全防线，与防火墙相辅相成，构成比较完整的网络安全基础结构。

10．病毒防范技术

病毒防范是指通过建立合理的计算机病毒防范体系和制度，及时发现计算机病毒的入侵，并采取有效的手段阻止病毒的传播和破坏，恢复受影响的计算机系统和数据。一个安全的网络系统，必须具备强大的病毒防范和查杀能力。

1.5 网络安全评价准则

1.5.1 可信计算机系统评价准则

计算机网络系统的安全评价，通常采用美国国防部计算机安全中心制定的《可信计算机系统评估准则》(TCSEC)。TCSEC 定义了系统的安全策略、系统的可审计机制、系统安全的可操作性、系统安全的生命期保证以及建立和维护的系统安全等五要素的相关文件。

TCSEC 中根据计算机系统所采用的安全策略、系统所具备的安全功能将系统分为 A、B(B1、B2、B3)、C(C1、C2)和 D 等四类七个安全级别。

(1) D 类(最低安全保护级)：该类未加任何实际的安全措施，系统软硬件都容易被攻击。这是安全级别最低的一类，不再分级。该类说明整个系统都是不可信任的。对于硬件来说，没有任何保护可用；对于操作系统来说，较容易受到损害；对于用户和他们对存储在计算机上信息的访问权限没有身份验证。常见的无密码保护的个人计算机系统、MS-DOS 系统、Windows 95 / 98 系统等都属于这一类。

(2) C 类(被动的自主访问策略)，该类又分为以下两个子类(级)。

C1 级(无条件的安全保护)：这是 C 类中安全性较低的一级，它提供的安全策略是无条件的访问控制，对硬件采取简单的安全措施(如加锁)，用户要有登录认证和访问权限限制，但不能控制已登录用户的访问级别，因此该级也叫选择性安全保护级。早期的 SCO UNIX、NetWare v3.0 以下系统均属于该级。

C2 级(有控制的访问保护级)：这是 C 类中安全性较高的一级，除了提供 C1 级中的安全策略与控制外，还增加了系统审计、访问保护和跟踪记录等特性。UNIX/Xenix 系统、NetWare v3.x 及以上系统和 Windows NT / 2000 系统等均属于该级。

(3) B 类(被动的强制访问策略类)：该类要求系统在其生成的数据结构中带有标记，并要求提供对数据流的监视。该类又分为以下三个子类(级)。

B1 级(标记安全保护级)：它是 B 类中安全性最低的一级。除满足 C 类要求外，还要求提供数据标记。B1 级的系统安全措施支持多级(网络、应用程序和工作站等)安全。标记(label)是指网上的一个对象，该对象在安全保护计划中是可识别且受保护的。该级是支持秘密、绝密信息保护的最低级别。

B2 级(结构安全保护级)：该级是 B 类中安全性居中的一级，它除满足 B1 要求外，还要求计算机系统中所有对象都加标记，并给各设备分配安全级别。

B3 级(安全域保护级)：该级是 B 类中安全性最高的一级。它使用安装硬件的办法来加强安全域，如安装内存管理硬件来保护安全域免遭无授权访问或其他安全域对象的修改。

(4) A 类(验证安全保护级)：A 类是安全级别最高的一级，它包含了较低级别的所有特性。该级包括一个严格的设计、控制和验证过程，设计必须从数学角度经过验证，且必须对秘密通道和可信任的分布进行分析。

1.5.2 计算机信息安全保护等级划分准则

随着我国信息技术的快速发展，计算机信息网络已经应用到国民经济和社会生活的各个领域和部门，成为国家事务、经济建设、国防建设、尖端科学技术等重要领域管理中必不可少的工具和手段。当前，我国计算机信息系统的建设和使用正在逐步由封闭向开放，由静态向动态，由单一系统向系统互联等方面转变，从而对信息系统的安全保护工作提出了前所未有的强烈要求。为此，国家公安部组织制定了强制性国家标准《计算机信息安全保护等级划分准则》，该准则于 1999 年 9 月 13 日经国家质量技术监督局发布，并于 2001 年 1 月 1 日起实施。

该准则是建立安全等级保护制度、实施安全等级管理的重要基础性标准。它将计算机信息系统安全保护等级划分为五个级别，进行规范、科学和公正的评定和监督管理。该准则第一为计算机信息系统安全等级保护管理法规的制定和执法部门的监督检查提供依据，第二为计算机信息系统安全产品的研制提供技术支持，第三为安全系统的建设和管理提供技术指导。因此，该标准的发布和实施，必将极大地促进我国计算机信息系统安全工作的发展。该准则划分的五个安全级别及含义如下。

第一级为用户自主保护级。该级使用户具备自主安全保护能力，保护用户和用户组信息，避免被其他用户非法读写和破坏。

第二级为系统审计保护级。它具备第一级的保护能力，并创建和维护访问审计跟踪记录，以记录与系统安全相关事件发生的日期、时间、用户及事件类型等信息，使所有用户对自己的行为负责。

第三级为安全标记保护级。它具备第二级的保护能力，并为访问者和访问对象指定安全标记，以访问对象标记的安全级别限制访问者的访问权限，实现对访问对象的强制保护。

第四级为结构化保护级。它具备第三级的保护功能，并将安全保护机制划分为关键部分和非关键部分两层结构，其中的关键部分直接控制访问者对访问对象的访问。该级具有很强的抗渗透能力。

第五级为安全域保护级。它具备第四级的保护功能，并增加了访问验证功能，负责仲裁访问者对访问对象的所有访问活动。该级具有极强的抗渗透能力。

第 2 章　网络安全技术

当前的网络安全技术涉及多方面的内容。本章主要论述的是访问控制列表的配置与应用、防火墙的配置与应用、sniffer 软件的应用以及入侵检测系统，力图为网络运行提供一个安全的环境。

2.1　访问控制列表的配置与应用

随着网络应用的日益普及，越来越多的私有网络连入公有网，网络管理员们开始需要面对一个非常重要的问题：如何在保证合法访问的同时，对非法访问进行控制。这就需要对路由器转发的数据包做出区分，即需要包过滤口。包过滤技术是在路由器上实现防火墙的一种主要方式，而实现包过滤技术最核心的内容就是使用 ACL(standard access lists)技术。

ACL 技术是 ISO 所提供的一种访问控制技术。初期仅应用于路由器，近年来扩展到三层交换机产品上，部分最新的二层交换机也开始提供 ACL 技术的支持。ACL 技术实质上是一组由允许(permit)和拒绝(deny)语句组成有序的条件集合，用来帮助路由器分析数据包的合法性。路由器通过检测报文的地址决定报文流的去向，并创建和维护路由表来完成基本的路由功能。此时网上的数据包借助路由器可以自由出入，网络的安全之门是洞开的。正确地放置 ACL 将起到防火墙的作用。为了满足与互联网间的访问控制，以及满足内部网络不同安全属性网络间的访问控制要求，在路由器上引入对节点和数据进行控制的访问列表，使得网络通信均通过它，以此控制网络通信及网络应用的访问权限。

在路由器接口上灵活地运用 ACL 技术，可以对入站接口、出站接口及通过路由器中继的数据包进行安全检测。路由器将接收到的协议数据包中的源地址、目的地址、端口号等信息与已设置的访问列表的条目进行核对，据此阻止非法用户对资源的访问，限制特定的用户的访问权限，实现在网络的出入端口处决定哪种类型的通信流量被转发或被阻塞，达到限制网络流量、提高网络性能的目的。

2.1.1 标准访问控制列表

标准 ACL 是通过使用 IP 包中的源 IP 地址进行过滤，从而允许或拒绝某个 IP

网络、子网或主机的所有通信流量通过路由器的接口。网络管理员可以使用标准 ACL 阻止来自某一网络的所有通信流量，或者允许来自某一特定网络的所有通信流量，或者拒绝某一协议簇(比如 IP)的所有通信流量。

标准 ACL 配置格式，见表 2.1.1。

表 2.1.1　标准 ACL 配置格式

操作	命令
创建标准 IP 访问控制列表	Access-list[list number][permit|deny][source address][wildcard-mask][10g]
将访问控制列表应用于路由器的相应接口	Router(conflg-if)#ip access-group[list-number][in|out]
删除标准 IP 访问控制列表	Router(eonfig)#n0 access-list[list-number]

(1) list-number：取值范围 1～99。

(2) deny|permit：拒绝或允许匹配 ACL 的数据包。

(3) source-address：某一个或某一段源地址。

(4) source-wildcard：通配符掩码。

(5) In：通过接口进入路由器的报文。

(6) Out：通过接口离开路由器的报文。配置标准访问控制列表，禁止 HostA 访问 RA 的 E0，其拓扑结构如图 2.1.1 所示。

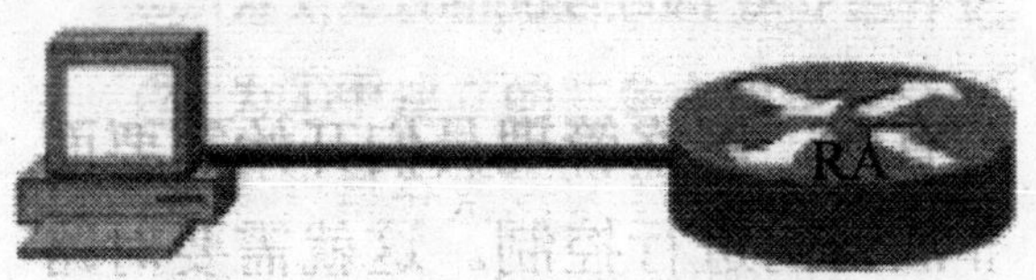

HostA：10.0.0.2　E0：10.0.0.1

图 2.1.1　标准访问控制列表拓扑结构

配置命令如下所示。

```
RA(config)#access-list 1 deny 10.0.0.20.0.0.0
RA(config)#access-list l permit any
RA(config)#interface ethemet 0
```

RA(config-if)#ip access-group 1 in 在 HostA 上 ping 测试。

在 HostA 上修改 IP 地址，如 10.0.0.3，再进行测试。

由于不同类型网络协议数据包的格式和特性不同，ACL 的定义也要基于每一种协议。在实际配置中，路由器的不同 ACL 是由其表号来加以区别的。

(1) 标准 IP 访问控制列表主要根据 IP 包中的源地址或源地址进行过滤，而不考虑这些信息属于哪种协议。编号范围是 1～99 或 1300～1999。

(2) 标准 IPX 访问控制列表不仅可以检查 IPX 源网络号和目的网络号，还可以检查源地址和目的地址的节点号部分。编号范围是 800～899。

另外，通过路由器接口的数据流是双向的，inbound 的表示数据包流向路由器，outbound 表示数据包从路由器流出，所以访问控制列表又分为输入型 ACL 和输出型 ACL，一个接口上可以同时配置同一协议在两个方向上的 ACL。

对于处理入端口数据的标准 ACL，如图 2.1.2 所示。

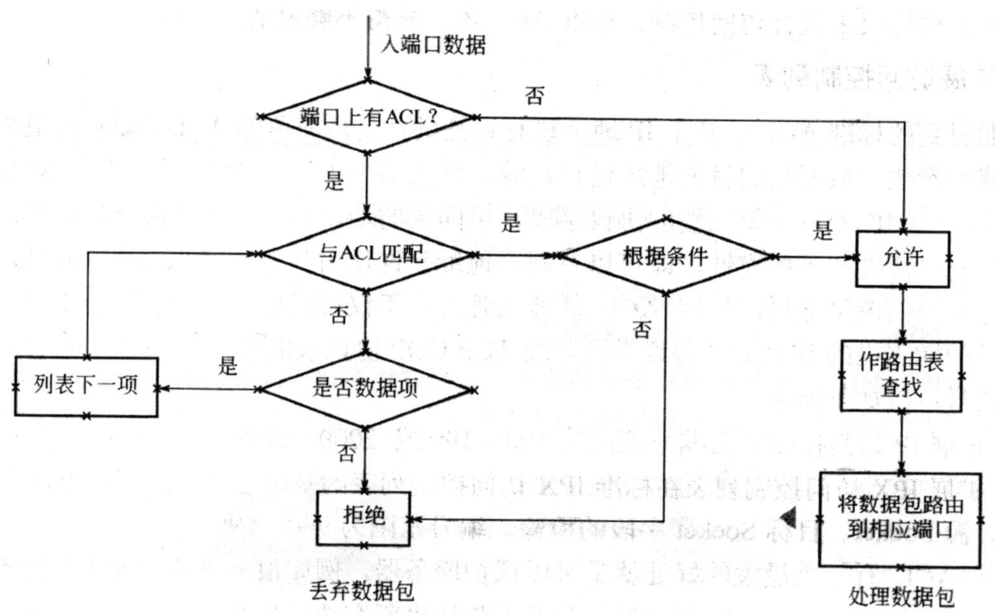

图 2.1.2　标准 ACL 入端口数据的处理

从图 2.1.2 中可以看出，对于处理入端口数据的标准 ACL，将对所有流进这个端口的数据进行过滤。在收到数据包并将其路由到可控制的端口后，路由器对照访问控制列表检查数据包，如果 ACL 允许该数据包通过，路由器将数据包路由到相应端口；如果 ACL 拒绝该数据包通过，路由器放弃该数据包。

对于处理出端口数据的标准 ACL，如图 2.1.3 所示。

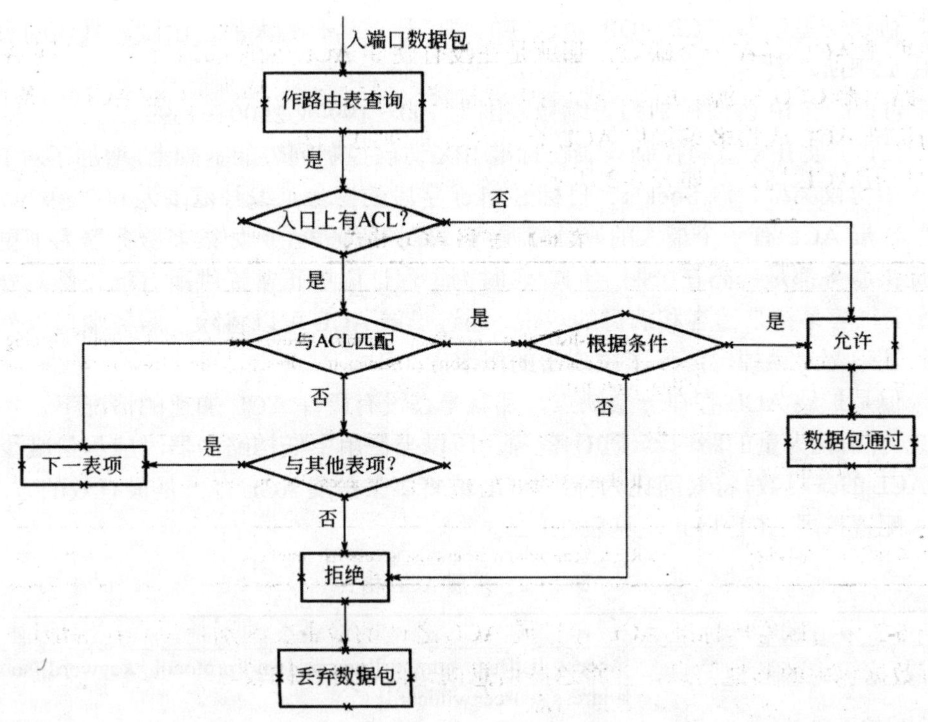

图 2.1.3 标准 ACL 出端口数据的处理

从图 2.1.3 中可以看出，对于处理出端口数据的标准 ACL，是对所有这个端口的数据进行过滤的。首先数据包被路由到输出端口，然后再通过访问列表处理。在被路由到输出端口的数据包后，路由器对照 ACL 检查数据包，如果 ACL 允许该数据包通过，路由器将数据包直接转发；如果 ACL 拒绝该数据包通过，路由器放弃该数据包。

在小型网络应用中，使用标准 ACL 可以实现 IP 包中的源地址进行限制，但是如果要进一步基于某种协议来进行访问控制，标准 ACL 还是显得不够灵活。

2.1.2 扩展访问控制列表

上面提到的标准 ACL 是基于 IP 地址进行过滤的，是最简单的 ACL。如果希望将过滤用到端口或者希望对数据包的目的地址进行过滤，就需要使用扩展 ACL 了。扩展 ACL 使用源 IP 地址和目标 IP 地址、第三层的协议字段、第四层的端口号来做过滤决定，扩展访问控制列表更具有灵活性和可扩充性，即可以对同一地址允许使用某些协议通信流量通过，而拒绝使用其他协议的流量通过。扩展 ACL 功能很强大，不仅可以检查信息包的源主机地址，还可以检查目的地主机的 IP 地址，协议类型以及 TCPAJDP 协议族的端口号，具有更大的自由度。具体的表号范围如下所示。

(1) 扩展 IP 访问控制列表编号范围为 100～199 或 2000～2699。

(2) 扩展 IPX 访问控制列表在标准 IPX 访问控制列表的基础上，增加了对 IPX 报头中协议类型、源 Soeket、目标 Socket 字段的检验。编号范围为 900～999。

扩展 ACL 有一个最大的好处就是可以保护服务器，例如很多服务器为了更好地提供服务都是暴露在公网上的。这时为了保证服务正常提供所有端口都对外界开放，很容易招来黑客和病毒的攻击，通过扩展 ACL 可以将除了服务端口以外的其他端口都封锁掉，降低了被攻击的概率。

但是扩展 ACL 存在一个缺点，那就是在没有硬件 ACL 加速的情况下，扩展 ACL 会消耗大量的路由器 CPU 资源。所以当使用中低档路由器时应尽量减少扩展 ACL 的条目数，将其简化为标准 ACL 或将多条扩展 ACL 合一是最有效的方法。

配置扩展 ACL 格式，见表 2.1.2。

表 2.1.2　扩展 ACL 格式

操作	命令
创建扩展 IP 访问控制列表	Access-list[list number][permit|deny][protocol keyword][source address source-wildcard] [source port][destination address] [destination-wildcard][destination port] [log][options]
将访问控制列表应用于路由器接口	Router(eonfig-if)#ip access-group access-list-number{in|out}
删除扩展 IP 访问控制列表	Router(config)#no access-list access-list-number

从表 2.1.2 中可以看出标准 ACL 和扩展 ACL 之间的最主要区别是后者在源地址相同后，还会检查数据包中的其他信息，并将这些信息同访问条件作比较。

(1) list-number：编号范围为 100～199。

(2) Protocol：需要被过滤的协议的类型，如 IP、TCP、UDP、ICMP、EIGRP 等。

(3) port：端口号，可以是 eq(等于)、gt(大于)、lt(小于)、neq(不等于)、range(范围)等。

配置扩展的访问控制列表：允许 HostA 远程登录 RA，但是不可 ping，拓扑结构如图 2.1.4 所示。

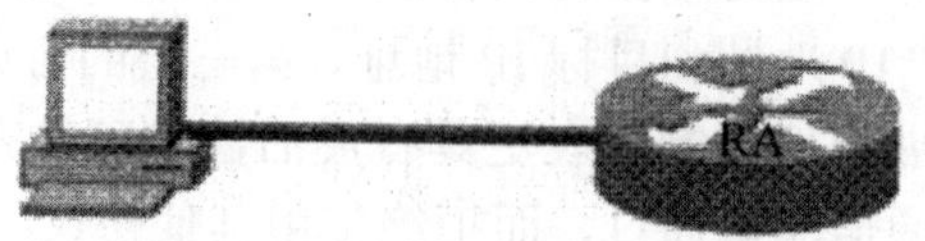

HostA：10.0.0.2　E0：10.0.0.1

图 2.1.4　扩展访问控制列表拓扑结构图

配置命令如下所示。

RA(config)#access-list 100 deny icmp host 10.0.0.2 host 10.0.0.1 echo
RA(config)#access-list 100 permit tcp host 10.0.0.2 host 10.0.0.1 eq 23
RA(config)#access-list 100 permit ip any any
RA(config)#interface ethemet 0
RA(config-if)#ip access-group 100 in

在 HostA 上分别用 ping 和 telnet 目标 10.0.0.1 测试。

在 HostA 上修改 IP 地址，如 10.0.0.3，再测试。

2.1.3 基于时间的访问控制列表

标准 ACL 与扩展 ACL 已经在很大程度上满足了对访问控制的需求，但是实际应用中，用户可能希望有更进一步的控制。例如，有的网络可能希望限制在指定时间内不能使用某些应用，而在其他时间允许使用，这一点依靠扩展访问列表是无法实现的。因此，路由器从 ISO 12.0 开始，新增加了一种基于时间的访问控制列表(Time of the Day Access-List)，可以根据一天中的不同时间或 / 和根据一周中的不同日期控制网络数据包的转发。这种基于时间的访问列表在原来标准访问列表和扩展访问列表中加入时间范围来更合理有效地控制网络。它先定义一个时间范围，然后在原来的各种访问列表的基础上应用它，对于编号访问表和名称访问表均适用。由两部分组成，第一部分定义需进行控制的时间段，第二部分采用扩展 ACL 定义控制规则。基于时间的 ACL 可以根据一天中的不同时间，或者根据一星期中的不同日期，或二者相结合来控制网络数据包的转发。

实现基于时间的访问表需要两个步骤。

第一步是定义一个时间范围，第二步是在访问列表中用 time-range 引用时间范围。可以用“time-range”来指定时间范围的名称，然后用“absolute”或者一个或多个“periodic”来具体定义时间范围，命令格式如下所示。

Time-range time-rang-name absolute[start time date][end time date]
Periodic days-of-the-week hh：mm to[days-of-the-week]hh：mm

(1) time-range。用来定义时间范围。

(2) time-range-name。时间范围的名称，用来标识时间范围，以便在后面的访问列表中引用，一个时间范围只能有一个 absolute 语句，但可以有几条 periodic 语句。

(3) absolute。用来指定绝对时间范围，后面紧跟 start 和 end 两个关键字，以 24 小时制和“hh：mm”表示，其格式为“小时：分钟”，日期按照“日 / 月 / 年”形式表示。这两个关键字也可以都省略。如果省略 start 及其后面的时间，表示与之相关联的 permit 或 deny 语句立即生效，并一直作用到 end 时间为止；若省略 end 及其后面的时间，表示与之相联系的 perm。it 或 deny 语句在 start 时间开始生效，并且永远发生作用。

定义绝对时间的命令为 absolute[start start-time start-date][end end-time end-date]

(4) periodic。主要以星期几为参数来定义时间范围，如 Monday、Tuesday、Wednesday、 Thursday、Friday、Saturday、Sunday 中的一个或者几个的组合，也可以是 daily(每天)、weekday(周一到周五)或者 weekend(周末，周六和周日)。

定义周期、重复使用的时间范围的命令如下所示。

periodic days-of-the-week hh：mm to days-of-the-week hh：mm

如果要表示每天早 8 点到晚 6 点开始起作用，可以用这样的语句。

absolute start 8：00 end 18：00

比如表示每周一到周五的早 9 点到晚 10 点半，可用如下所示的语句。

periodic weekday 9：00 to 22：00

配置基于时间的访问控制列表。允许内网主机在 2012 年 1 月 1 日到 2012 年 12 月 31 日的每个工作日中午 12：00 到 14：00 上网浏览，其拓扑结构如图 2.1.5 所示。

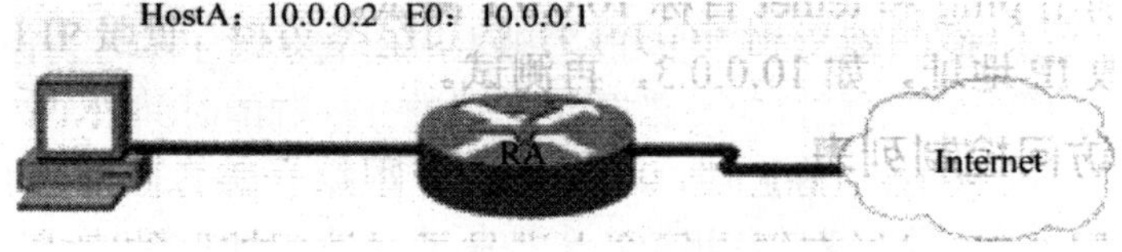

图 2.1.5　基于时间的访问控制列表拓扑结构

配置命令如下所示。

RA(config)#access-list 100 permit tcp 10.0.0.0 0.255.255.255 any eq 80 time-range http

RA(config)#time-range http

RA(config-time-range)#asbolute start 1 Jan 2013 end 31 December 2013

RA(config-time-range)#periodic weekdays 12：00 to 14：00

RA(config)#interface ethemet 0

RAfconfig-if)#ip access-group 100 in

修改路由器的时间，查看访问控制列表的状态的命令是 Active / Inactive。基于时间的 ACL 允许网络管理员对流入网络和流出网络的数据进行附加的控制。网络管理员可以基于不同时间段定义不同的安全策略。合理有效地利用基于时间的 ACL 进行管理，可以更有效、更安全、更方便地保护内部网络。

2.2　防火墙的配置与应用

2.2.1 防火墙概述

防火墙(FireWall)，最初是针对 Intemet 网络不安全因素所采取的一种保护措施。顾名思义，防火墙就是用来阻挡外部不安全因素影响的内部网络屏障，其目的就是防止外部网络用户未经授权的访问。防火墙是一种计算机硬件防火墙件和软件的结合，使 Internet 与 Intranet 之间建立起一个安全网关(Secufity Gateway)，从而保护内部网免受非法用户的侵入。防火墙主要由服务访问政策、验证工具、包过滤和应用网关 4 个部分组成。防火墙就是一个位于计算机和它所连接的网络之间的软件或硬件，计算机流入流出的所有网络通信均要经过防火墙。防火墙作为中心控制点，易于实现和更新公司的安全策略，能为网络提供安全的单访问点。所以用户可以在一个地方改变设置而无须改动每台机器。防火墙能在网络范围内加强安全，比如防止网络中的每个人都有权访问某些 Internet 资源。

防火墙是汽车中一个部件的名称。在汽车中，利用防火墙把乘客和引擎隔开，以便汽车引擎一旦着火，防火墙不但能保护乘客安全，而且同时还能让司机继续控制引擎。在计算机术语中当然就不是这个意思了，但可以类比来理解。在网络中，所谓“防火墙”，是指一种将内部网和公众访问网(如 Internet)分开的方法，它实际上是一种隔离技术。防火墙是在两个网络通信时执行的一种访问控制尺度，它能允许你“同意”的人和数据进入你的网络，同时将你“不同意”的人和数据拒之门外，最大限度地阻止网络中的黑客来访问你的网络。换句话说，如果不通过防火墙，公司内部的人就无法访问 Internet，Intemet 上的人也无法和公司内部的人进行通信。防火墙成为新兴的保护计算机网络安全技术性措施。它是一种隔离控制技术，在某个机构的网络和不安全的网络(如 Intemet)之间设置屏障，阻止对信息资源的非法访问，也可以使用防火墙阻止重要信息从企业的网络上被非法输出。作为 Intemet 网的安全性保护软件，防火墙已经得到广泛的应用。通常企业为了维护内部的信息系统安全，在企业网和 Internet 间设立防火墙软件。企业信息系统对于来自 Intemet 的访问，采取有选择的接收方式。它可以允许或禁止一类具体的 IP 地址访问，也可以接收或拒绝 TCP / IP 上的某一类具体的应用。如果在某一台 IP 主机上有需要禁止的信息或危险的用户，则可以通过设置使用防火墙过滤掉从该主机发出的包。如果一个企业只是使用 Internet 的电子邮件和 WWW 服务器向外部提供信息，那么就可以在防火墙上设置为只有这两类应用的数据包可以通过。这对于路由器来说，不仅要分析 IP 层的信息，而且还要进一步了解

TCP 传输层甚至应用层的信息以进行取舍。防火墙一般安装在路由器上以保护一个子网，也可以安装在一台主机上，保护这台主机不受侵犯。

从实现原理上分，防火墙的技术包括四大类：网络级防火墙、应用级网关、电路级网关和规则检查防火墙。它们之间各有所长，具体使用哪一种或是否混合使用，则要看具体需要。

(1) 网络级防火墙。一般是基于源地址和目的地址、应用、协议以及每个 IP 包的端口来作出通过与否的判断。一个路由器便是一个“传统”的网络级防火墙，大多数的路由器都能通过检查这些信息来决定是否将所收到的包转发，但它不能判断出一个 IP 包来自何方，去向何处。防火墙检查每一条规则直至发现包中的信息与某规则相符。如果没有一条规则能符合，防火墙就会使用默认规则，一般情况下，默认规则就是要求防火墙丢弃该包。其次，通过定义基于 TCP 或 UDP 数据包的端口号，防火墙能够判断是否允许建立特定的连接，如 Telnet、 FTP 连接。

(2) 应用级网关。应用级网关能够检查进出网络的数据包，通过网关复制传递数据，防止在受信任服务器和客户机与不受信任的主机间直接建立联系。应用级网关能够理解应用层上的协议，能够做复杂一些的访问控制，并做精细地注册和稽核。它针对特别的网络应用服务协议即数据过滤协议，并且能够对数据包分析并形成相关的报告。应用网关对某些易于登录和控制所有输出输入的通信的环境给予严格的控制，以防有价值的程序和数据被窃取。在实际工作中，应用网关一般由专用工作站系统来完成。但每一种协议需要相应的代理软件，使用时工作量大，效率不如网络级防火墙。应用级网关有较好的访问控制，是目前最安全的防火墙技术，但实现起来有一定的困难，而且有的应用级网关缺乏“透明度”。在实际使用中，用户在受信任的网络上通过防火墙访问 Internet 时，经常会发现存在延迟并且必须进行多次登录(Login)才能访问 Internet 或 Intranet。

(3) 电路级网关。电路级网关用来监控受信任的客户或服务器与不受信任的主机间的 TCP 握手信息，这样来决定该会话(Session)是否合法，电路级网关是在 OSI 模型中会话层上来过滤数据包，这样比包过滤防火墙要高两层。电路级网关还提供一个重要的安全功能，即代理服务器(Proxy Server)。代理服务器是设置在 Internet 防火墙网关的专用应用级代码。这种代理服务准许网络管理员允许或拒绝特定的应用程序或一个应用的特定功能。包过滤技术和应用网关是通过特定的逻辑判断来决定是否允许特定的数据包通过，一旦判断条件满足，防火墙内部网络的结构和运行状态便“暴露”在外来用户面前，这就引入了代理服务的概念，即防火墙内外计算机系统应用层的“链接”由两个终止于代理服务的“链接”来实现，这就成功地实现了防火墙内外计算机系统的隔离。同时，代理服务还可用于实施较强的数据流监控、过滤、记录和报告等功能。代理服务技术主要通过专用计算机硬件(如工作站)来承担。

(4) 规则检查防火墙。该防火墙结合了包过滤防火墙、电路级网关和应用级网关的特点。它同包过滤防火墙一样，规则检查防火墙能够在 OSI 网络层上通过 IP 地址和端口号，过滤进出的数据包。它也像电路级网关一样，能够检查 SYN 和 ACK 标记和序列数字是否逻辑有序。当然它也像应用级网关一样，可以在 OSI 应用层上检查数据包的内容，查看这些内容是否能符合企业网络的安全规则。规则检查防火墙虽然集成前三者的特点，但是不同于一个应用级网关的是，它并不打破客户机 / 服务器模式来分析应用层的数据，它允许受信任的客户机和不受信任的主机建立直接连接。规则检查防火墙不依靠与应用层有关的代理，而是依靠某种算法来识别进出网络的应用层数据，这些算法通过已知合法数据包的模式来比较进出数据包，这样从理论上就能比应用级代理在过滤数据包上更有效。

防火墙具有很好的保护作用。入侵者必须首先穿越防火墙的安全防线，才能接触目标计算机。你可以将防火墙配置成许多不同保护级别。高级别的保护可能会禁止一些服务，如视频流等，但至少这是你自己的保护选择。在具体应用防火墙技术时，还要考虑到两个方面。

一是防火墙是不能防病毒的，尽管有不少的防火墙产品声称其具有这个功能。

二是防火墙技术的另外一个弱点在于数据在防火墙之间的更新是一个难题，如果延迟太大将无法支持实时服务请求。并且，防火墙采用滤波技术，滤波通常使网络的性能降低 50%以上，如果为了改善网络性能而购置高速路由器，又会大大提高经济预算。

总之，防火墙是企业网安全问题的流行方案，即把公共数据和服务置于防火墙外，使其对防火墙内部资源的访问受到限制。作为一种网络安全技术，防火墙具有简单实用的特点，并且透明度高，可以在不修改原有网络应用系统的情况下达到一定的安全要求。

2.2.2 防火墙的配置与应用

目前比较流行的有以下三种防火墙配置方案。

(1) 双宿主机网关(Dual Homed Gateway)。这种配置是用一台装有两个网络适配器的双宿主机做防火墙。双宿主机用两个网络适配器分别连接两个网络，又称堡垒主机。

堡垒主机上运行着防火墙软件(通常是代理服务器)，可以转发应用程序，提供服务等。双宿主机网关有一个致命弱点，一旦入侵者侵入堡垒主机并使该主机只具有路由器功能，则任何网上用户均可以随便访问有保护的内部网络。双宿主机网关的拓扑结构如图 2.2.1 所示。

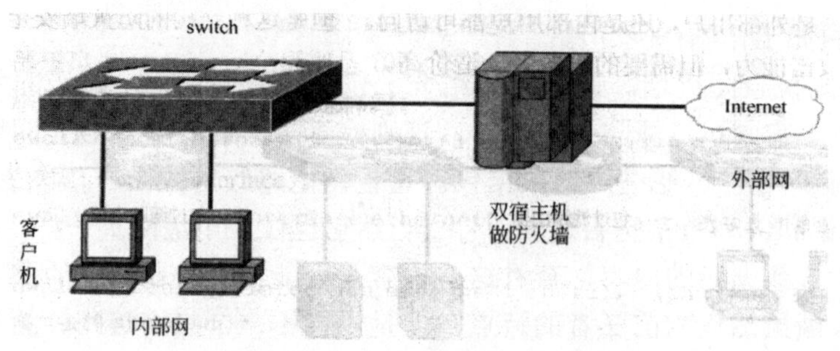

图 2.2.1　双宿主机网关的拓扑结构

(2) 屏蔽主机网关(Screened Host Gateway)。屏蔽主机网关易于实现，安全性好，应用广泛。它又分为单宿堡垒主机和双宿堡垒主机两种类型。

单宿堡垒主机是由包过滤路由器连接外部网络，同时一个堡垒主机安装在内部网络上。堡垒主机只有一个网卡，与内部网络连接，如图 2.2.2 所示。在路由器上设立过滤规则，并使这个单宿堡垒主机成为从 Internet 唯一可以访问的主机，确保了内部网络不受未被授权的外部用户的攻击。而 Intranet 内部的客户机，可以受控制地通过屏蔽主机和路由器访问 Internet。

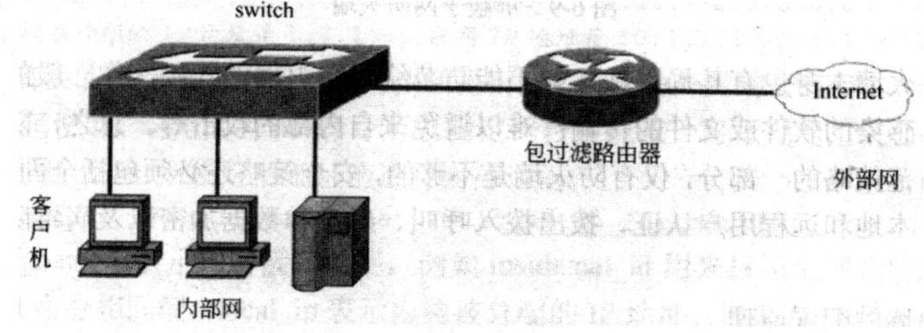

图 2.2.2　屏蔽主机网关(单宿堡垒主机)

双宿堡垒主机与单宿堡垒主机的区别是，堡垒主机有两块网卡，一块连接内部网络，一块连接包过滤路由器，如图 2.2.3 所示。双宿堡垒主机在应用层提供代理服务，与单宿堡垒主机相比更加安全。

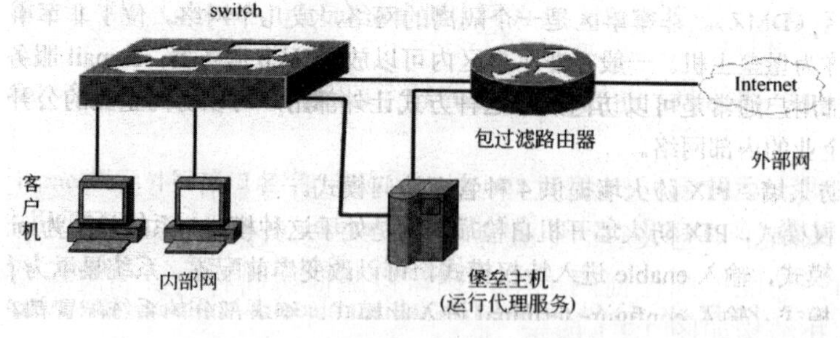

图 2.2.3　屏蔽主机网关(双宿堡垒主机)

(3) 屏蔽子网(Screened Subnet)。该方法是在 Intranet 和 Internet 之间建立一个被隔离的子网，用两个包过滤路由器将这个子网分别与 Intranet 和 Internet 分开。两个包过滤路由器放在子网的两端，在子网内构成一个“缓冲地带”，如图 2.2.4 所示，两个路由器一个控制 Intranet 内的数据流，另一个控制 Internet 内的数据流，Intranet 和 Internet 均可访问屏蔽子网，但禁止它们穿过屏蔽子网通信。可根据需要在屏蔽子网中安装堡垒主机，为内部网络和外部网络的互相访问提供代理服务，但是来自两个网络的访问都必须通过两个包过滤路由器的检查。

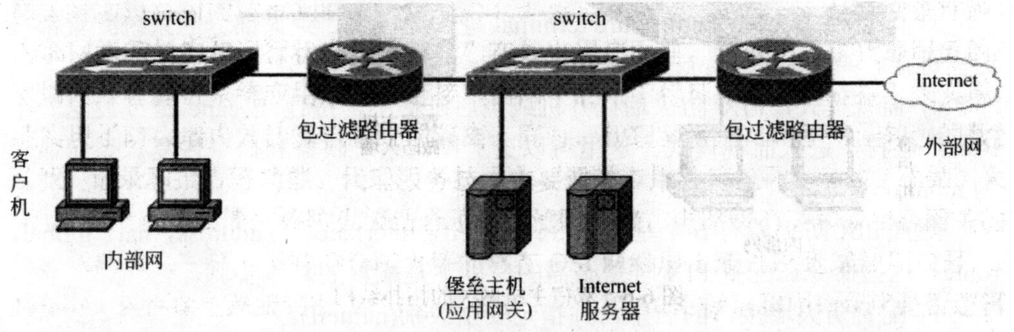

图 2.2.4　屏蔽子网防火墙

对于向 Internet 公开的服务器，像 WWW、FTP、Mail 等 Internet 服务器也可安装在屏蔽子网内，这样无论是外部用户，还是内部用户都可访问。但是这种结构的防火墙安全性能高，具有很强的抗攻击能力，但需要的设备多，造价高。

当然，防火墙本身也有其局限性，如不能防范绕过防火墙的入侵，像一般的防火墙不能防止受到病毒感染的软件或文件的传输，难以避免来自内部的攻击等。总之，防火墙只是一种整体安全防范策略的一部分，仅有防火墙是不够的，安全策略还必须包括全面的安全准则，即网络访问、本地和远程用户认证、拨出拨入呼叫、磁盘和数据加密以及病毒防护等有关的安全策略。

1．防火墙的配置原理

防火墙通常有 3 个接口，分别连接 3 个网络。

内部区域(内网)。内部区域通常就是指企业内部网络或者是企业内部网络的一部分。它是互连网络的信任区域，即受到了防火墙的保护。

外部区域(外网)。外部区域内部区域的主机和服务，通过防火墙，就可以实现有限的访问。

非军事区(DMZ)。非军事区是一个隔离的网络，或几个网络。位于非军事区中的主机或服务器被称为堡垒主机。一般在非军事区内可以放置 Web 服务器、E-mail 服务器等。非军事区对于外部用户通常是可以访问的，这种方式让外部用户可以访问企业的公开信息，但不允许访问企业的内部网络。

(1) PIX 防火墙。

PIX 防火墙提供 4 种管理访问模式。

1) 非特权模式，PIX 防火墙开机自检后，就是处于这种模式。系统显示为 pixfirewall>。

2) 特权模式，输入 enable 进入特权模式，可以改变当前配置。系统显示为 pixfirewall#。

3) 配置模式，输入 configure terminal 进入此模式，绝大部分的系统配置都在这里进行。系统显示为 pixfirewall(config)#。

4) 监视模式，PIX 防火墙在开机或重启过程中，按住 Escape 键或发送一个 Break 字符，进入监视模式。这里可以更新操作系统映象和口令恢复。系统显示为 monitor>。

配置 PIX 防火墙有 6 个基本命令：nameif，interface，ip address，nat，global，route。这些命令在配置 PIX 时是必需的。以下是配置的基本步骤。

1) 配置防火墙接口的名字，并指定安全级别(nameif)。

Pixfirewall (config)#nameif ethernet0 outside security0 Pixfirewall (config)#nameif ethernetl inside securyty100

Pixfirewall (conflg)#nameif dmz security50

提示：在缺省配置中，以太网 0 被命名为外部接口(outside)，安全级别是 0；以太网 1 被命名为内部接口(inside)，安全级别是 100，安全级别取值范围为 1～99，数字越大安全级别越高。若添加新的接口，语句可以这样写。

Pixfirewall(config)#nameif pix / intf3 security40(安全级别任取)

2) 配置以太口参数(interface)。

Pixfirewall (config)#interface ethernet0 auto (auto 选项表明系统自适应网卡类型)

Pixfirewall (config)#interface ethernetl 100full (shutdiwn 选项表示关闭这个端口，若启用端口去掉 shutdown)

3) 配置内外网卡的 IP 地址(ip address)。

Pixfirewall(config)#ip address outside 1.1.1.1 255.0.0.0

Pixfirewall(config)#ip address inside 10.1.1.1 255.0.0.0

Pix 防火墙在外网的 IP 地址是 1.1.1.1，内网 IP 地址是 10.1.1.1。

4) 进行转换的内部地址(nat)。将内网的私有 IP 转换为外网的公有 IP。Nat 命令总是与 glibal 命令一起使用，这是因为 nat 命令可以指定一台主机或一段范围的主机访问外网，访问外网时需要利用 global 所指定的地址池进行对外访问。

Nat 命令配置语法：Nat(if_name)nat_id local_ip[netmark]

其中(if_name)表示内网接口名字，例如 inside.nat._id 用来标识全局地址池，使它与其相应的 global 命令相匹配，local_ip 表示内网被分配的 IP 地址。例如 0.0.0.0 表示内网所有主机可以对外访问。[netmark]表示内网 ip 地址的子网掩码。

例 1：pixfirewall(config)≠}nat(inside)100。

表示启用 nat，内网的所有主机都可以访问外网，用 0 可以代表 0.0.0.0。

例 2：pixfirewall(config)#nat(inside)1 172.12.5.0 255.255.0.0。

表示只有 172.12.5.0 这个网段内的主机可以访问外网。

指定外部地址范围(global)。global 命令把内网的 IP 地址翻译成外网的 IP 地址或一段地址范围。

5) Global 命令的配置语法。

global　(if_name)nat_id ip_address-ip_address[netmark global_mask]

其中(if_name)表示外网接口名字，例如 outside.nat_id 用来标识全局地址池，使它与其相应的 nat 命令相匹配，ip_address-ip_address 表示翻译后的单个 IP 地址或一段 IP 地址范围。[netmark global_mask]表示全局 ip 地址的网络掩码。

例 3：pixfirewall(config)#global(outside)1 61.144.51.42-61.144.51.48。

表示内网的主机通过 PIX 防火墙要访问外网时，PIX 防火墙将使用 61.144.51.42.61.144.51.48 这段IP 地址池为要访问外网的主机分配一个全局IP 地址。

例 4：pixfirewall(config)#global(outside)1 61.144.51.42 表示内网要访问外网时，PIX 防火墙将为访问外网的所有主机统一使用 61.144.51.42 这个单一 IP 地址。

例 5：pixfirewall(config)#no global(outside)1 61.144.51.42 表示删除这个全局表项。

设置指向内网和外网的静态路由(route)定义一条静态路由。

6) Route 命令配置语法。

route(if name)0 0 gateway_ip[metric]

其中(if name)表示接口名字，例如 inside，outside。Gateway_ip 表示网关路由器的 ip 地址。[metric]表示到 gateway_ip 的跳数，通常缺省是 1。

例 6：pixfirewall(config)#route outside 0 0 61.144.51.168 1。

表示一条指向边界路由器(IP 地址 61.144.51.168)的缺省路由。

例 7：pixfirewall(config)≠}route inside 10.1.1.0 255.255.255.0 172.12.0.0 1；

Pixfirewall(config)#route inside 10.2.0.0 255.255.0.0 172.12.0.0 1。

这 6 个基本命令若理解了，就可以进入到 PIX 防火墙的一些高级配置了。

2. 配置静态 IP 地址翻译(static)

如果从外网发起一个会话，会话的目的地址是一个内网的 IP 地址，stoic 就把内部地址翻译成一个指定的全局地址，允许这个会话建立。stoic 命令的配置语法为 static(internal_if_name，external_if_name)outside_ip_address inside_ip_address，其中 internal_if_name 表示内部网络端口，安全级别较高，如 inside。External_if_name 为外部网络端口，安全级别较低，如 outside 等。Outside_ip_address 为正在访问的较低安全级别的端口上的 IP 地址。inside_ip_address 为内部网络的本地 IP 地址。

例 8：Pixfirewall(config)#static(inside，outside)61_144.51.62 192.168.0.8。

表示 IP 地址为 192.168.0.8 的主机，对于通过 PIX 防火墙建立的每个会话，都被翻译成 61.144.51.62 这个全局地址，也可以理解成 static 命令创建了内部 IP 地址 192.168.0.8 和外部 IP 地址 61.144.51.62 之间的静态映射。

例 9：Pixfirewall(config)#static(inside，outside)192.168.0.2 10.0.1.3。

例 10：Pixfirewall(config)#static(dmz，outside)211.48.12.2 172.12.10.8。

通过以上几个例子说明，使用 static 命令可以为一个特定的内部 IP 地址设置一个永久的全局 IP 地址。这样就能够为具有较低安全级别的指定接口创建一个入口，使它们可以进入到具有较高安全级别的指定接口。

(1) 管道命令(conduit)。前面讲过使用 static 命令可以在一个本地 IP 地址和一个全局 IP 地址之间创建一个静态映射，但从外部到内部接口的连接仍然会被 PIX 防火墙的自适应安全算法(ASA)阻挡，conduit 命令用来允许数据流从具有较低安全级别的端口流向具有较高安全级别的端口，例如允许从外部到 DMZ 或内部端口的入方向的会话。对于向内部端口的连接，static 和 conduit 命令将一起使用，来指定会话的建立。

(2) conduit 命令的配置语法如下所示。

conduit permit ｜ deny global_ip port[-port]protocol foreign_ip[netmask]

permit ｜ deny 允许 ｜ 拒绝访问

global_ip 指的是先前由 global 或 static 命令定义的全局 IP 地址，如果 global_ip 为 0，就用 any 代替 0；如果 global_ip 是一台主机，就用 host 命令参数。

port 指的是服务所作用的端口，例如 WWW 使用 80，smtp 使用 25 等，可以通过服务名称或端口数字来指定端口。

protocol 指的是连接协议，例如 TCP、UDP、ICMP 等。

foreign_ip 表示可访问 globaljp 的外部 IP 地址。对于任意主机，可以用 any 表示。如果 foreign ip 是一台主机，就用 host 命令参数。

例 11：Pixfirewall(config)#conduit permit tcp host 192.168.0.8 eq www any。

这个例子表示允许任何外部主机对全局地址 192.168.0.8 的这台主机进行 HTTP 访问。其中使用 eq 和一个端口来允许或拒绝对这个端口的访问。Eq ftp 就是指允许或拒绝只对 FTP 的访问。

例 12：Pixfirewall(config)#conduit deny tcp any eq Rp host 61.144.51.89。

表示不允许外部主机 61.144.51.89 对任何全局地址进行 FTP 访问。

例 13：Pixfirewall(config)#conduit permit icmp any any。

表示允许 icmp 消息向内部和外部通过。

例 14：Pixfirewall(config)#static(inside，outside)61.144.51.62 192.168.0.3

Pixfirewall(config)#conduitpermittcphost 61.144.51.62 eqwwwany。

这个例子说明 static 和 conduit 的关系。192.168.0.3 在内网是一台 Web 服务器，现在希望外网的用户能够通过 PIX 防火墙得到 Web 服务。所以先做 static 静态映射：192.168.0.3→61.144.51.62(全局)，然后利用 conduit 命令允许任何外部主机对全局地址 61.144.51.62 进行 HTTP 访问。

3. 配置 fixup 协议

fixup 命令作用是启用，禁止改变一个服务或协议通过 PIX 防火墙，由 fixup 命令指定的端口是 PIX 防火墙要侦听的服务。

例 15：Pixfirewall(config)#fixup protocol ftp21。

启用 FTP 协议，并指定 FTP 的端口号为 21。

例 16：Pixfirewall(config)#fixup protocol http80。

Pixfirewall(config)#fixup protocol http 1080。

为 HTTP 协议指定 80 和 1080 两个端口。

例 17：Pixfirewall(config)#no fixup protocol smtp 80。

禁用 smtp 协议。

4. 设置 telnet

telnet 有一个版本的变化。在 PIX OS 5.0(PIX 操作系统的版本号)之前，只能从内部网络上的主机通过 telnet 访问 PIX。在 PIX OS 5.0 及后续版本中，可以在所有的端口上启用 telnet 到 pix 的访问。当从外部接口要 telnet 到 PIX 防火墙时，telnet 数据流需要用 ipsec 提供保护，也就是说用户必须配置 PIX 来建立一条到另外一台 PIX，路由器或 vpn 客户端的 ipsec 隧道。另外就是在 PIX 上配置 SSH，然后用 SSH client 从外部 telnet 到 PIX 防火墙，PIX 支持 SSHl 和 SSH2，不过 SSHl 是免费软件，SSH2 是商业软件。相比之下 Cisco 路由器的 telnet 就做得不怎么样了。

telnet 命令的配置语法为 telnet local ip[netmask]。

local_ip 表示被授权通过 telnet 访问到 PIX 的 IP 地址。如果不设此项，PIX 的配置方式只能由 console 进行。

5．防火墙的配置步骤

防火墙接口名字，并指定安全级别。

Pixfirewall (config)#nameif ethernet1 outside security0

Pixfirewall (config)#nameif ethernet0 inside security100

网络地址是 10.0.0.0，子网掩码为 255.0.0.0，PIX 防火墙的内部 IP 地址是 10.1.1.1。

Pixfirewall(config)#ip add inside 10.1.1.1 255.0.0.0

网络地址是 1.1.1.0，子网掩码为 255.0.0.0，PIX 防火墙的外部 IP 地址是 1.1.1.1。

Pixfirewall(config)#ip add outside 1.1.1.1 255.0.0.0

防火墙上配置地址转换，使内部计算机使用 IP 地址 1.1.1.3 访问外部网络。

Pix firewall(config)#nat (inside) 1 110.0.0.0. 255.0.0.0

Pix firewall(config)#global (out side,) 1 110.0.0.0 255.0.0.0

外部网络的默认路由是 1.1.1.254。

Pixfirewall(config)#route outside 0 0 1.1.1.254

网络上的计算机只能访问内部网络 FTP 服务。

Pixfirewall(config)# conduit permit tcp any eq ftp any

Pixfirewall(config)# telnet 1.1.1.0 255.0.0.0

2.3 Sniffer 软件的应用

Sniffer 软件是 NAI 公司推出的功能强大的协议分析软件。Sniffer 软件又称嗅探器，是一种基于被动侦听原理的网络分析软件。使用该软件，可以监视网络的状态、数据流动情况以及网络上传输的信息。当信息以明文的形式在网络上传输数据时，便可以使用网络监听的方式来进行攻击。将网络接口设置在监听模式，便可以将 M_h 传输的源源不断的信息截获。

Sniffer 技术不仅可以被黑客们用来截获用户的口令，而且常常被广泛应用于网络故障诊断、协议分析、应用性能分析和网络安全保障等各个领域。

2.3.1 Sniffer 软件的安装

Sniffer 软件的安装比较简单，只需要按照常规安装方法进行即可。需要说明的是，在选择 Sniffer Pro 的安装目录时，默认是安装在 c：\program files\nai\snifferNT 目录中，可以通过单击旁边的 Browse 按钮修改路径，不过为了更好地使用还是建议使用默认路径进行安装。

在注册用户时，注册信息按照要求填写即可，不过 E-mail 一定要符合规范，需要带“@”。在随后出现的 Sniffer Pro Usr Registration 对话框中，注意有一行 Sniffer Serial Number 需要填入注册码 SR424-255RR-25500-255RR，其具体注册过程如图 2.3.1 所示。

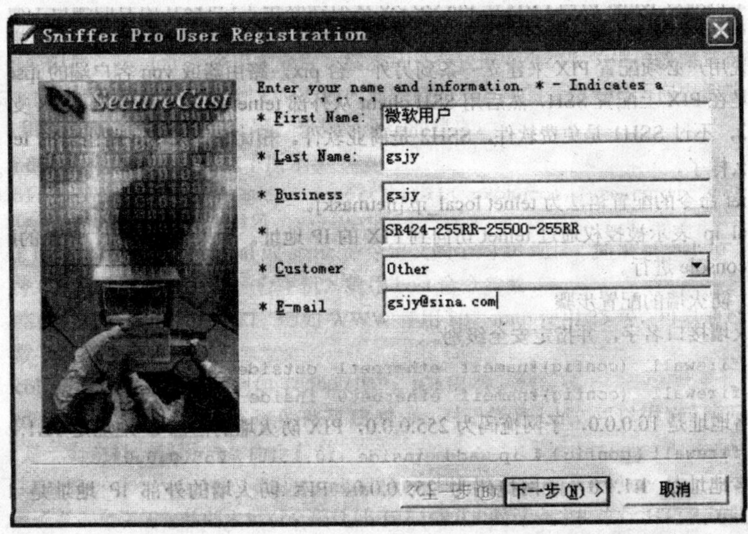

图 2.3.1　注册用户

注册之后进行网络连接设置，一般对于企业用户只要不是通过“代理服务器”上网的都可以选择第一项——Direct Connection to the Internet，如图 2.3.2 所示。

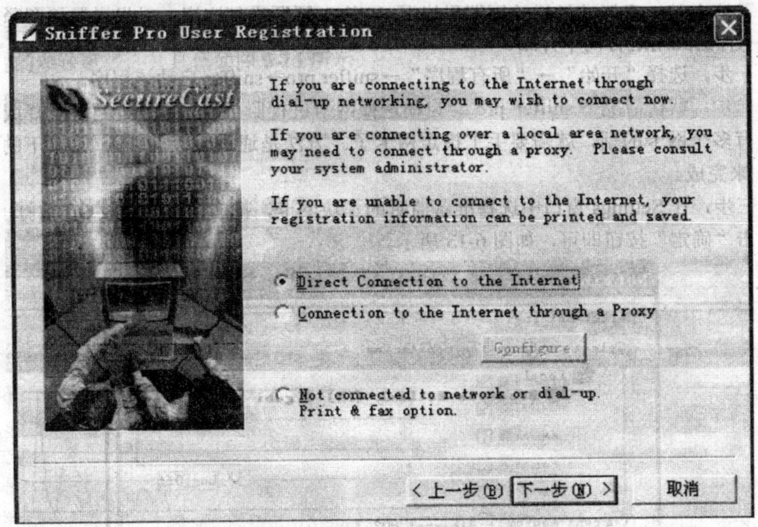

图 2.3.2　网络连接设置

接下来才复制 Sniffer Pro 必需文件到本地硬盘，完成所有操作后出现 Setup Complete 提示，单击 Finish 按钮完成安装工作。由于在使用 Sniffer Pro 时网卡的监听模式切换较为混杂，所以不重新启动计算机是无法实现切换功能的，因此在安装的最后，软件会提示重新启动计算机，按照提示操作即可，如图 2.3.3 所示。

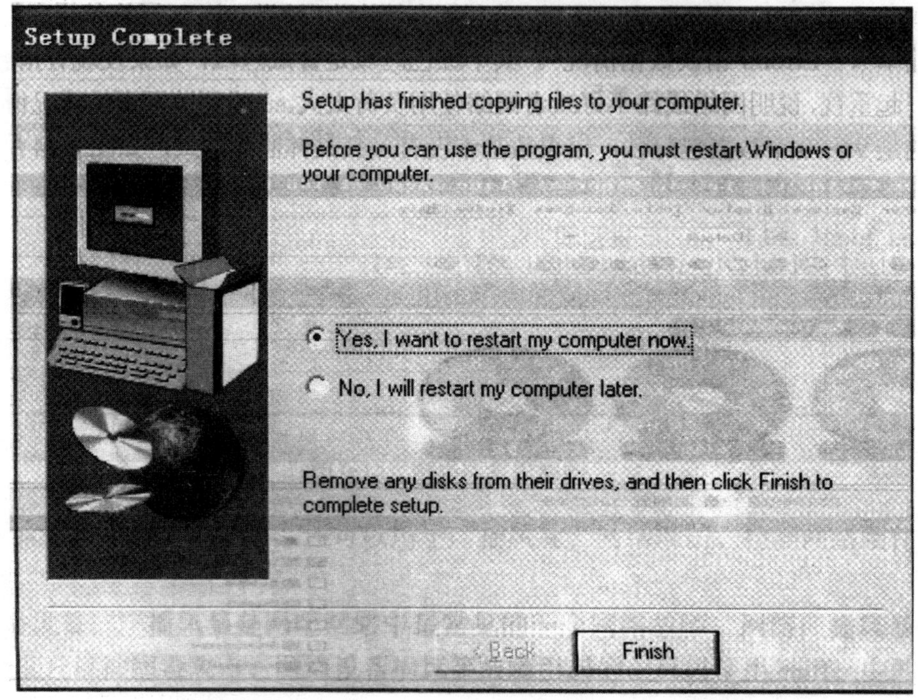

图 2.3.3　Sniffer 完成安装

2.3.2 Sniffer 软件的应用

在完成安装，重启计算机之后，便可以对 Sniffer 软件进行应用，这里以监控网络为例对 Sniffer 软件的应用进行简单介绍。

第一步，选择“开始”→“所有程序”→Sniffer Pro→Sniffer 启动该程序。

第二步，默认情况下 Sniffer Pro 会自动选择网卡进行监听，如果不能自动选择或者本地计算机有多个网卡的话，就需要手工指定网卡了。方法是通过软件的 File 菜单下的 Select Settings 来完成。

第三步，在 Settings 窗口中选择准备监听的那块网卡，把右下角的 Log Off 前打上对钩，最后单击“确定”按钮即可，如图 2.3.4 所示。

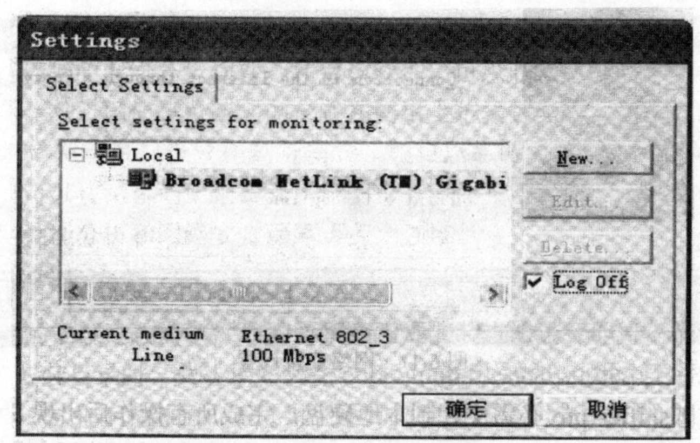

图 2.3.4　Settings 窗口设置

第四步，选择完毕后进入网卡监听模式，该模式下将监视本机网卡流量和错误数据包的情况。首先能看到的是三个类似汽车仪表的图像，从左到右依次为“Utilization％网络使用率”“Packets / s 数据包传输率”“Error / s 错误数据情况”。其中红色区域是警戒区域，如果发现有指针到了红色区域就该引起重视，说明网络线路不好或者网络使用负荷太大。一般浏览网页的情况使用率不高，传输情况也是每秒 9～30 个数据包，错误数基本没有，其具体监听模式，如图 2.3.5 所示。

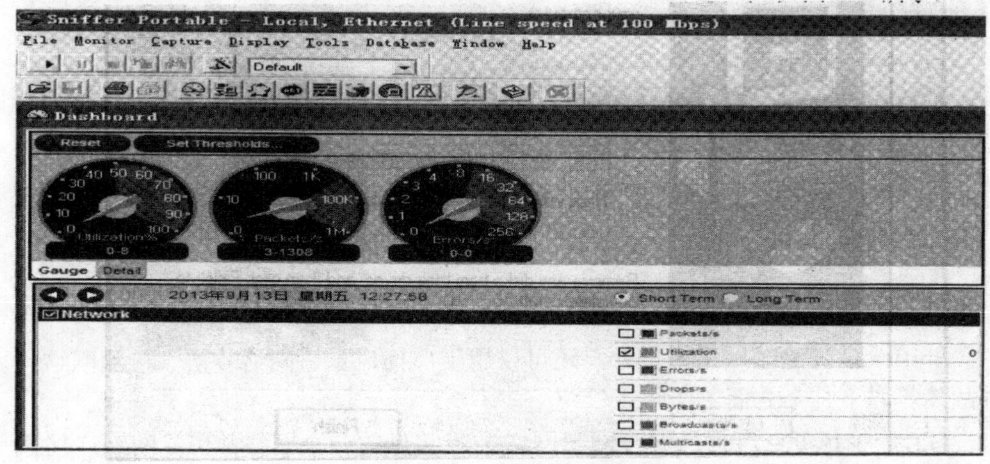

图 2.3.5　网卡监听模式

第五步，三个仪表盘的下面是对网络流量、数据错误以及数据包大小情况的绘制图，通过点选右边一排参数来选择的绘制相应的数据信息，可选网络使用状况包括数据包传输率、网络使用率、错误率、丢弃率、传输字节速度、广播包数量、组播包数量等，其他两个图表可以设置的参数更多，其具体如图 2.3.6 所示。

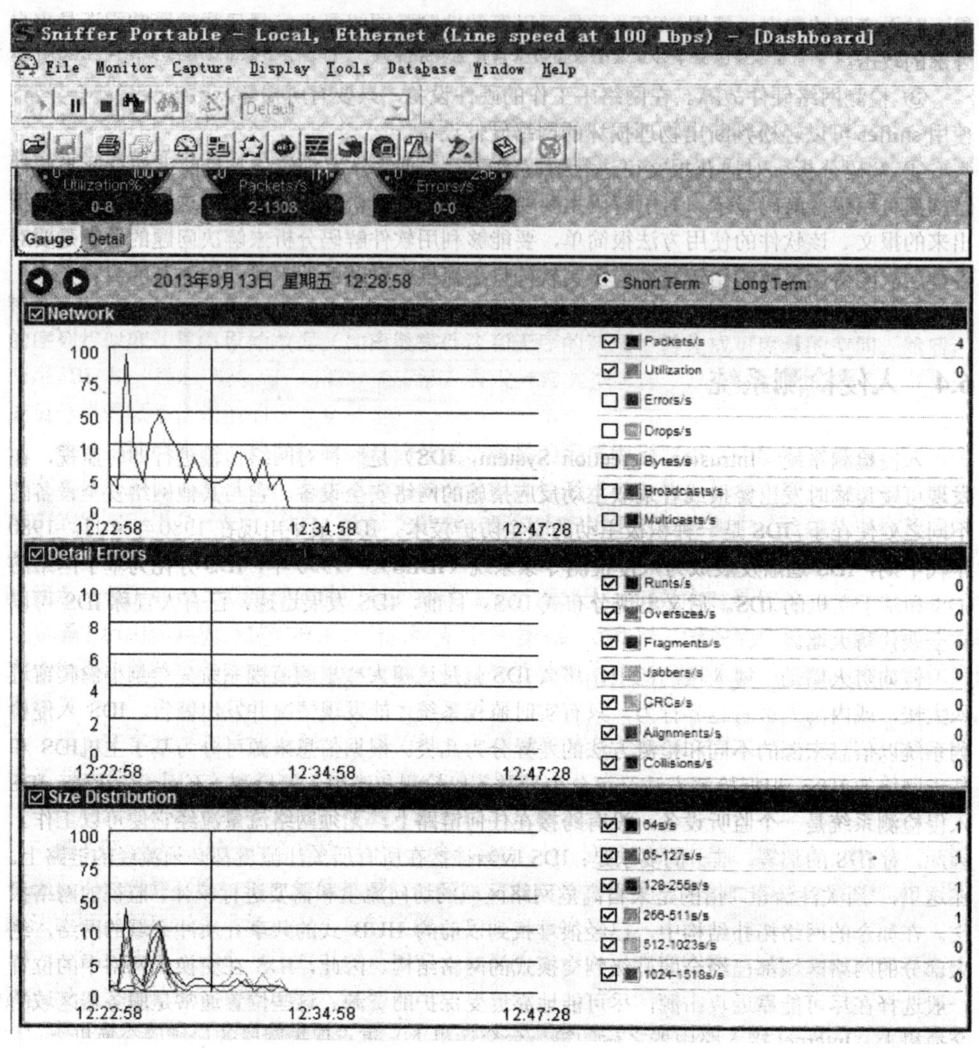

图 2.3.6　网络流量绘制图

Sniffer 软件除了网络监控外，还可以用于广播风暴、网络攻击、检测网络硬件故障等以下几个方面。

(1) 广播风暴。广播风暴是网吧网络中最常见的一个网络故障。网络广播风暴的产生，一般是由于客户机被病毒攻击、网络设备损坏等故障引起的。可以使用 Sniffer 中的主机列表功能，查看网络中哪些机器的流量最大，结合矩阵就可以看出哪台机器的数据流量异常，从而可以在最短的时间内判断网络的具体故障点。

(2) 网络攻击。随着网络的不断发展，黑客技术吸引了不少网络爱好者。于是，一些初级黑客们开始拿网吧来做实验，DDoS 攻击成为一些黑客炫耀自己技术的一种手段。由于网吧本身的数据流量比较大，加上外部 DDoS 攻击，网吧的网络可能会出现短时间的中断现象。对于类似的攻击，使用 Sniffer 软件可以有效地判断网络是受广播风暴的影响还是来自外部的攻击。

(3) 检测网络硬件故障。在网络中工作的硬件设备只要有所损坏，数据流量就会异常，使用 Sniffer 可以轻松判断出物理损坏的网络硬件设备。

(4) 解码分析。对捕获报文可进行解码的显示，通常分为三部分，目前大部分此类软件结构都可以进行解码显示。对于解码主要要求分析人员对协议比较熟悉，这样才能看懂解析出来的报文。该软件的使用方法很简单，要能够利用软件解码分析来解决问题的关键是要对各种层次的协议了解得比较透彻。工具软件只是提供一个辅助的手段。因涉及的内容太多，这里不对协议进行过多讲解，请参阅其他相关资料。

2.4　入侵检测系统

入侵检测系统(Intrusion Detection System，IDS)是一种对网络传输进行即时监视，在发现可疑传输时发出警报或者采取主动反应措施的网络安全设备。它与其他网络安全设备的不同之处便在于，IDS 是一种积极主动的安全防护技术。IDS 最早出现在 1980 年 4 月。20 世纪 80 年代中期，IDS 逐渐发展成为入侵检测专家系统(IDES)。1990 年，IDS 分化为基于网络的 IDS 和基于主机的 IDS。后又出现分布式 IDS。目前，IDS 发展迅速，已有人宣称 IDS 可以完全取代防火墙。

假如防火墙是一幢大楼的门卫，那么 IDS 就是这幢大楼里的监视系统。一旦小偷爬窗进入大楼，或内部人员有越界行为，只有实时监视系统才能发现情况并发出警告。IDS 入侵检测系统以信息来源的不同和检测方法的差异分为几类。根据信息来源可分为基于主机 IDS 和基于网络的 IDS，根据检测方法又可分为异常入侵检测和滥用入侵检测。不同于防火墙，IDS 入侵检测系统是一个监听设备，没有跨接在任何链路上，无须网络流量流经它便可以工作。因此，对 IDS 的部署唯一的要求是：IDS 应当挂接在所有所关注流量都必须流经的链路上。在这里，“所关注流量”指的是来自高危网络区域的访问流量和需要进行统计、监视的网络报文。在如今的网络拓扑结构中，已经很难找到以前的 HUB 式的共享介质冲突域的网络，绝大部分的网络区域都已经全面升级到交换式的网络结构。因此，IDS 在交换式网络中的位置一般选择在尽可能靠近攻击源，尽可能地靠近受保护的资源。这些位置通常是服务器区域的交换机上，Internet 接入路由器之后的第一台交换机上，重点保护网段的局域网交换机上。

在异常入侵检测系统中常常采用以下几种检测方法。

基于贝叶斯推理检测法，是通过在任何给定的时刻，测量变量值，推理判断系统是否发生入侵事件。

基于特征选择检测法，是指从一组度量中挑选出能检测入侵的度量，用它来对入侵行为进行预测或分类。

基于贝叶斯网络检测法。该方法用图形方式表示随机变量之间的关系。通过指定的与邻接节点相关的一个小概率集，来计算随机变量的连接概率分布。按给定全部节点组合，所有根节点的先验概率和非根节点概率构成这个集。贝叶斯网络是一个有向图，弧表示父、子节点之间的依赖关系。当随机变量的值变为已知时，就允许将它吸收为证据，为其他的剩余随机变量条件值判断提供计算框架。

基于模式预测的检测法。事件序列不是随机发生的，而是遵循某种可辨别的模式，是基于模式预测的异常检测法的假设条件，其特点是事件序列及相互联系被考虑到了，只关心少数相关安全事件是该检测法的最大优点。

基于统计的异常检测法。该方法根据用户对象的活动为每个用户都建立一个特征轮廓表，通过对当前特征与以前已经建立的特征进行比较，来判断当前行为的异常性。用户特征轮廓表要根据审计记录情况不断更新，去保护多衡量指标，这些指标值要根据经验值或一段时间内的统计而得到。

基于机器学习检测法。该方法根据离散数据临时序列学习获得网络、系统和个体的行为特征，并提出了一个基于相似度的实例学习法 IBL(Instance Based Learning)。该方法通过新的序列相似度计算将原始数据(如离散事件流和无序的记录)转化成可度量的空间。然后，应用 IBL 和一种新的基于序列的分类方法，发现异常类型事件，从而检测入侵行为。其中，成员分类的概率由阈值的选取来决定。

数据挖掘检测法。数据挖掘的目的是要从海量的数据中提取出有用的数据信息。网络中会有大量的审计记录存在，审计记录大多都是以文件形式存放的。如果靠手工方法来发现记录中的异常现象是远远不够的，所以将数据挖掘技术应用于入侵检测中，可以从审计数据中提取有用的知识，然后用这些知识区检测异常入侵和已知的入侵。目前的方法有 KDD 算法，其优点是善于处理大量数据的能力与数据关联分析的能力，但是实时性较差。

基于应用模式的异常检测法。该方法是根据服务请求类型、服务请求长度、服务请求包大小分布计算网络服务的异常值。通过实时计算的异常值和所训练的阈值比较，从而发现异常行为。

基于文本分类的异常检测法。该方法是将系统产生的进程调用集合转换为“文档”。利用 K 最近邻聚类文本分类算法，计算文档的相似性。

误用入侵检测系统中常用的检测方法有以下几种。

模式匹配法。该方法常常被用于入侵检测技术中。它通过把收集到的信息与网络入侵和系统误用模式数据库中的已知信息进行比较，从而对违背安全策略的行为进行发现。模式匹配法可以显著地减少系统负担，有较高的检测率和准确率。

专家系统法。这个方法的思想是把安全专家的知识表示成规则知识库，再用推理算法检测入侵。主要是针对有特征的入侵行为。

基于状态转移分析的检测法。该方法的基本思想是将攻击看成一个连续的、分步骤的并且各个步骤之间有一定的关联的过程。在网络中发生入侵时及时阻断入侵行为，防止可能还会进一步发生的类似攻击行为。在状态转移分析方法中，一个渗透过程可以看作是由攻击者做出的一系列行为而导致系统从某个初始状态变为最终某个被危害的状态。

2.4.1 入侵检测设备

1. 商用入侵检测设备

目前主要的商业系统大多是混合使用多种技术，不能简单地把它们分类为基于网络或基于主机，或基于误用还是基于异常；而且很多系统不只是具有入侵检测和响应功能，还具有很强的网络管理和网络通信统计的功能。

IDS 的一个关键技术就是检测方法，它直接关系到攻击的检测效果、效率、误报率等性能，也就是核心部件分析器的实现。这项技术包括两个方面，即攻击的表示方法和如何将收集到的数据与攻击进行匹配(正向与反向)。下面就从 IDS 的检测方法和主要的特性两方面对不同的商用系统进行简单分析。

NFR 公司的 NID(Network Intrusion Detection，以前称为 Intrusion Detection Appliance)基本上是一个基于误用的商业软件，同时具有一定的异常检测能力。当前版本是 NID-200 和 NID-100，前者比后者更能适合大流量的网络环境。NID 具有分布式的体系结构，其三级组件分别为网络传感器(Sensor)、管理界面(Administration Interface)和中央管理服务器(Central Management Server)。网络传感器完成提取数据、分析入侵和记录传输警告功能，管理界面用来让管理员管理查询传感器并显示警告信息，中央管理服务器在中间层完成上下两级数据的传递、协助管理终端完成查询和配置功能。

NID 的安装需要一台单独的计算机，因为 NID 自身带有 OpenBSD 操作系统，在安装过程中会破坏硬盘上的原有数据，这是 NID 的主要特征之一。

NID 的攻击标识或攻击签名使用 N-Code 编码。N-Code 是一个比较完备的语言，不仅能够表达简单的网络报文，而且具有通用的语言支持，如变量的声明、函数的定义、各种表达式、运算符、控制语句等。另外，N-Code 的语法以及攻击标识是公开的，用户可以根据本组织具体的需要进行对攻击标识的修改，并能写出自己的攻击标识。这也是 NID 主要特性之一。

攻击的识别就是通过把从网络上抓取的报文和 N-Code 描述的攻击标识进行匹配来实施的。如果 N-Code 描述的是一个报文(IP 头、TCP 头或 TCP 数据流)，而且和网络抓取的报文相同时，就会按照警告配置文件发送警告；如果 N-Code 描述的是一个条件(如一定时间内接收到一定数量的 SYN 包)，则当此条件为真时，就发送警告信息(SYN 洪流攻击)。

ISS 公司在安全市场上占有很大的份额，RealSecure 是 ISS 公司的入侵检测产品，目前的最高版本为 2.0。

RealSecure 采用分布式的体系结构，系统分为两层，即传感器(Sensor)和管理器(WorkGroup Manager)。传感器包括网络传感器(Network Sensor)、服务传感器(Server Sensor)和系统传感器(OS Sensor)三类，其中网络传感器主要是对网络数据的分析检测，服务传感器主要是对服务器中进出的网络数据、系统日志和重要系统文件的检测，系统传感器主要是对系统日志和系统文件信息的检测。管理器则包括控制台、事件收集器、事件数据库和告警数据库四个部分。

和 NID 系统不同，RealSecure 不是通过某种通用的语言对攻击标识进行描述的。对攻击的表示和攻击的识别结合在一起，也就是说，Real Secure 通过增加新的程序来增加新的攻击的识别。这种方法的效率比较高，但存在升级方面的问题，对攻击标识的增加需要对相关程序进行升级。对于这个问题，ISS 公司的策略是，公司有专门的黑客组织为其编写攻击识别程序，使其对攻击能够较快地反应，而且支持推模式升级，使分布式的升级工作简化。

NAI 公司的入侵检测产品(CyberCop Intrusion Protection)划分比较广泛，包括 CyberCop Scanner、CyberCop Monitor、CyberCop Sting 和 CyberCop CASL(Custom Audit Scripting Language)四个部分。

其中 CyberCop Monitor 是入侵检测的核心部分，采用分层工作方式对网络信息和系统事件进行分析，其工作机制和其他入侵检测产品比较相似，在此不作过多的介绍。其他三个方面则显得与众不同，CyberCop Scanner 主要是对系统和网络进行扫描，发现其中的漏洞和安全策略上的不足。虽然 Honey Pot(蜜罐)技术的概念已经不再是什么新鲜事，但是 CyberCop Sting 较先从产品的角度对其进行实现，在一台主机上仿造出一个虚拟的网络环境，诱骗监听和入侵者对这个并不存在的网络发起攻击，并对其进行记录分析，从中找出攻击者。CASL 中文翻译为用户审计脚本语言，是为了应付最新的、模糊的甚至未知的入侵挑战，它允许用户自己编写简单的脚本进行攻击测试，CASL 的脚本库可以从 NAI 公司的站点免费获得。这三个方面是 NAI 公司入侵检测产品的主要特征。

Cisco Secure IDS 以前被称为 NetRanger。Cisco 公司在网络硬件设备技术领域处于领先位置，因此他的入侵检测软件产品或多或少和其生产的硬件设备有着一定的联系，这也是它的主要特征之一。

Cisco Secure IDS 包括传感器(Sensor)、控制器(Director)和入侵检测系统模块 IDSM(Intrusion Detection System Module)三大组成部分。其中传感器分为网络传感器和主机传感器两种，分别负责对网络信息和主机信息的收集和分析处理。控制器则和前面介绍的其他产品的相近部分的功能接近。Cisco 的入侵检测模块最具有自身特点，即和硬件相联系，比如针对 Cisco 公司的 Catalyst 6000 交换机有相应的 Catalyst 6000 IDS Module 入侵检测系统模块。

2．非商用入侵检测设备

下一代入侵检测专家系统(Next-Generation Intrusion Detection Expert System，NIDES)是由 SRI International 研究和开发的，在 Intrusion Detection Expert System(IDES)的基础上做了进一步的改进，因此称为“下一代”入侵检测专家系统。

NIDES 通过在自己的工作主机上对目标主机上的用户活动进行实时监测，从中检测出异常和可疑行为。NIDES 采用两种不同的入侵检测机制：一种是基于规则的检测分析子系统，另一种是基于统计方法的检测子系统。这是 NIDES 最显著的特征之一。

事件检测和异常活动响应系统(Event Monitoring Enabling Responses to Anomalous Live Disturbances，EMERALD)也是 SRI International 的研究项目之一。

EMERALD 采用分布式和区域方法进行大型网络环境下的网络监测、攻击隔离和自动响应，这是它的主要特征之一。EMERALD 的监控器采用信号分析和统计相结合的方法进行事件的分析，对多数广泛使用的网络服务提供实时检测和保护。EMERALD 采用一种递归的体系结构综合调整和处理各个分布式监控器的分析结果，并在此基础上提供全局的检测和响应保护，这样可以有效地检测出多台主机的协同攻击行为。另外，EMERALD 提供了通用的编程接口，这样可以方便用户针对不同的目标主机进行改动以及与其他第三方工具的协同工作。

嵌入式传感器和监测器项目(Embedded Sensors and Detectors Proiect，ESP)是 Purdue 大学 CERIAS 小组的研究项目，和后面将要介绍的 AAFID 隶属于同一个项目组。ESP 采用一些底层的组件技术如内部传感器(Internal Sensors)和嵌入式监测器(Embedded Detectors)进行入侵的检测，这是它最显著的特征。

所谓的内部传感器是指在程序内容加入的一段代码，这段代码将负责监测程序中的特定变量和条件；而这个程序本身可以是 Unix 内核、系统单元或者是一个上层的应用。通过直接编译到所要监测的程序中，传感器可以很轻易地从内部获取可靠、近似实时的信息，这样就可以实现对系统的直接监测。嵌入式监测器同样也是一段编译到程序内部的代码，这段代码将负责对特定攻击或入侵所产生的特定标记进行监测。监测器和传感器之间的相互关系有两种：一种情况，传感器和监测器是相互独立的：另一种情况，传感器是监测器的一个组成部分。

2.4.2 入侵检测系统的基本配置

1. Snort 简介

Snort 是一个用 C 语言编写的开放源代码软件，符合 GPL(GNU General Public License)的要求，当前的最新版本是 1.8，其作者为 Martin Roesch，也是开源软件界的著名人士。

Snort 称自己是一个跨平台、轻量级的网络入侵检测软件，实际上它是一个基于 Libpcap 的网络数据包嗅探器和日志记录工具，可以用于入侵检测。从入侵检测分类上来看，Snort 应该算是一个基于网络和误用的入侵检测软件。

Snort 采用基于规则的网络信息搜索机制，对数据包进行内容的模式匹配，从中发现入侵和探测行为，例如 buffer overflows、stealth port scans、CGI attacks 和 SMB probes 等。

Snort 具有实时报警的能力，它的警报信息可以发往 Syslog、ServerMessage Block(SMB)、WinPopup messages 或者单独的 alert 文件。Snort 可以通过命令行进行交互，并对可选的 BPF(Berkeley Packet Filter)命令进行配置。

Snort 安装在一台主机上对整个网络进行监视，其典型运行环境如图 2.4.1 所示。

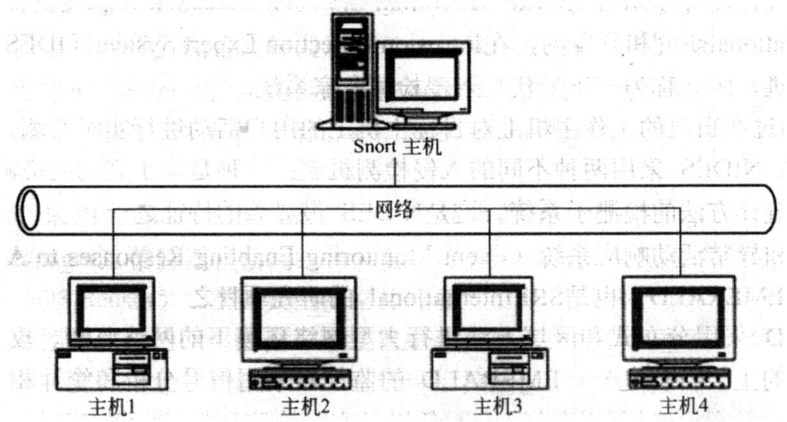

图 2.4.1 Snort 的典型运行环境

Snort 具有跨平台的特点，它支持的操作系统广泛，详情见表 2.4.1，而大多数商用入侵检测软件只能支持其中的一两种操作系统，甚至需要特定的操作系统。

所谓轻量级的含义在于系统管理员可以轻易地将 Snort 安装到网络中去，可以在很短的时间内完成配置，可以很方便地集成到网络安全的整体方案中，使其成为网络安全体系的有机组成部分。

Snort 基于规则的检测机制十分简单和灵活，使得它可以迅速地对新的入侵行为做出反应，可以迅速填补网络中潜在的安全漏洞，例如当 IIS Showcode web exploits 在 Bugtraqmailing list 上公布不到几个小时，Snort 相应的规则就会发布。

表 2.4.1　Snort 所支持的操作系统类型

硬件 / 操作系统	X86	Sparc	M68k / PPC	Alpha	Other
Linux	√	√	√	√	√
OpenBSD	√	√	√		
FreeBSD	√			√	
NetBSD	√		√		
Solafis	√	√			
SunOS 4.1.X		√			
HP-UX					√
AIX					√
IRIX					√
Tru64				√	
MacOS X Server			√		
Win32(Windows9x / NT / 2000)	√				

Snort 在用于数据包嗅探器方面和 tcpdump 有一些类似，比如都使用 libpcap 和 BPF(Berkeley Packet Filter)，但是 Snort 把主要重点放在数据包嗅探器的安全应用功能上，其中最主要的表现是 tcpdump 所不具有的数据包负载监察功能，而且在收集数据的时候不进行主机名的查找，可以进行高效的数据包分析；另一个优点在于，它的输出形式比 tcpdump 要友善得多。

2．如何获取 Snort

Snort 是可以免费下载的，地址为 http：//www.snort.org。

在下载之前，请注意几个问题。

首先，这里不光介绍如何使用 Snort，还要对它的源代码进行详细的分析。

其次，因为篇幅有限，只能介绍在几种常用操作系统下 Snort 的安装和配置。

因此，建议根据操作系统选择不同的文件，具体如下所示。

Snort-1.8.tar.gz 为源代码包，适用于 Linux / Solaris 环境。

Snort-1.8-sol-2.7-sparc-local 为二进制包，适用于 Solaris 环境。

Snort-1.8-win32-source.zip 为源代码包，适用于 Win32(Windows9x / NT / 2000)环境。

3．底层库的安装与配置

Snort 所需的底层库包括以下三种。

(1) Libpcap 简介。Libpcap 提供的接口函数主要实现和封装了与数据包截获有关的过程，它是由 Lawrence Berkeley National Laboratory 创作的。过去只能支持 Unix，现在已经可以支持 Win32 环境。介绍的版本是 0.2.2，Snort 所需的版本大于或等于 0.4.0 都行。

(2) Libnet 简介。Libnet 提供的接口函数主要实现和封装了数据包的构造和发送过程。Libnet 主要由 Mike D.Schiffman 设计和维护。Snort 所需的版本为 1.0.2。

(3) NDIS packet capture Driver 简介。NDIS packet capture Driver 是为了方便用户在 Win32 环境下抓取和处理网络数据包而提供的驱动程序。Packet Driver 分为 Windows 9x、Windows NT 和 Windows 2000 三种不同类型。

底层库的安装方法如下。

(1) Libpcap 的安装。Linux 和 Solaris 环境下 Libpcap 的安装过程基本一致，因此只作一次说明，安装具体过程如下。

第一步，检查 Libpcap。

检查系统中 Libpcap 是否存在，因为在某些 Linux 发行版本(如 IRedHat 7.0)的完全安装过程中，系统会自动安装 Libpcap。如果没有或版本低于 0.4，请执行下面步骤；否则可以直接进入 Libnet 的安装。

为确定 Libpcap 是否存在，请检查在 / usr / local / lib / 目录下是否已有 libpcap.a 文件，在 / usr / include / pcap / 目录下是否已有 pcap.h、pcap-namedb.h 文件以及 net 子目录，在 / usr / include / pcap / net / 目录下是否已有 bpf.h 文件。如果上述文件均存在，就说明 Libpcap 安装成功。

第二步，解开压缩包。

```
#tar-zxvf libpcap.tar.z
```

第三步，正式安装。

```
#cd libpcap
#. / configure
#make
#make check
#make install
```

到此 Libpcap 就算安装完成了。

(2) Libnet 的安装。Linux 和 Solaris 环境下 Libnet 的安装过程也是一致的，因此只作一次说明，安装具体过程如下。

第一步，解开压缩包。

#tar—zxvf libnet-1.0.2a.tar.gz

第二步，正式安装。

#cd Libnet-1.0.2a

#. / configure

#make

#make install

到此 Libnet 就算安装完成了。请检查在 / usr / lib / 目录下是否已有 libnet.a 文件，在 / usr / include / 目录下是否已有 libnet.h 文件以及 libnet 子目录，在 / usr / include / libnet 目录下是否已有 libnet-headers.h、libnet-functions.h、libnet-structures.h、libnet-macros.h、libnet-asn 1.h、libnet-ospf.h 文件，在 / usr / bin / 目录下是否已有 libnet-config 文件。如果上述文件均已存在，就说明 Libnet 安装成功。

(3) NDIS packet capture Driver 的安装。NDIS packet capture Driver 的安装在 Windows 9x、 Windows NT 和 Windows 2000 环境下有所不同，分类介绍如下。

1) Windows 9x。执行下载的自解压文件 Packet95.exe，并把解压后的文件(包括 Vpacket.inf 和 Vpacket.vxd)放在某一临时目录下。

打开 Windows 95 / 98 的控制面板，再打开“网络”，单击“添加”按钮。

选择“协议”后单击“添加”按钮。选择从“磁盘安装”，然后选择解压后的目录，单击“确定”按钮。选择“BPF Packet capture Driver for Win95 / 98 v X.XX”(X.XX 代表所安装的版本号)。

单击“确定”按钮后，重新启动计算机即可。

2) Windows NT。执行下载的自解压文件 PacketNT.exe，并把解压后的文件(包括 Oemsetup.inf 和 Packet.sys)放在某一临时目录下。

打开 Windows NT 的控制面板，再打开“网络”选项。

选择“协议”后单击“添加”按钮。选择从“磁盘安装”，然后选择解压后的目录，单击“确定”按钮。选择“Network Packet Driver for WinNT v X.XX”(X.XX 代表所安装的版本号)。

单击“确定”按钮后，重新启动计算机即可。

3) Windows 2000。执行下载的自解压文件 Packet2K.exe，并把解压后的文件(包括 packet.inf 和 packet.sys)放在某一临时目录下。

打开 Windows 2000 的控制面板，再打开“网络和拨号连接”，然后打开“局域网连接”并单击“属性”按钮。在新窗口中选择“安装”以便开始安装新的网络组件。

选择“协议”后单击“添加”按钮。选择从“磁盘安装”，然后选择解压后的的目录，单击“确定”按钮。选择“BPFPacketcaptureDrivervX.XX”(X.XX 代表所安装的版本号)。

单击“确定”按钮后，重新启动计算机即可。

4. Snot 的安装

Snort 在不同操作系统环境下的安装会有所不同，但是都很简单。

(1) Linux 环境下的安装过程如下(请确认 Libpcap 已经安装成功)。

#tar-zxvf snort-1.8.tar.gz

#cd snort-1.8

#. / configure

#make

#make install

到此，请检查 / usr / local / bin / 目录下是否已有 Snot 文件存在，有则表明安装已经成功。

(2) Solaris 环境下的安装(请确认 Libpcap 已经安装成功)。在 Solaris 下，同样可以按照 Linux 下的步骤和方法使用源代码包进行安装，另外还提供了 Solaris 特有的 Package Format 包，安装方法则比较冷门一点，所以在此另行说明。安装过程如下。

#pkgtrans snort-1.8-sol-2.7-sparc-local / var / spool / pkg

#pkgadd

在此请选择“Mrsnoa”选项进行安装即可。

(3) Win32 环境下的安装。解开 snort-1.8-win32-source.zip。用 VC++6.0 打开位于 snort-1.8-win32-source\snort-1.7\win32-Prj\目录下的 snort.dsw 文件。

选择“Win32 Release”编译选项进行编译。在 Release 目录下会生成所需的 Snort.exe 可执行文件。

(4) Snort 的配置。在使用 Snort 之前，需要根据网络环境和安全策略对 Snort 进行配置。主要包括以下内容。

1) 设置网络变量。

2) 配置预处理器(Preprocessors)。

3) 配置输出插件。

4) 配置所使用的规则集。

在此并不需要自己编写配置文件，只需对 Snort.conf 文件进行修改即可。这个文件包含了大量的默认设置，而且都有很好的注释，用户可以方便地对 Snort 进行配置。

第 3 章　数据加密技术与应用

安全立法措施对保护网络系统安全有不可替代的作用，但依靠法律阻止不了攻击者对网络数据的各种威胁。加强行政、人事管理，采取物理保护措施等都是保护系统安全不可缺少的有效措施，但有时这些措施也会受到各种环境、费用、技术以及系统工作人员素质等条件的限制。采用访问控制、系统软硬件保护的方法保护网络系统资源，简单易行，但也存在一些不易解决的问题。采用加密技术保护网络中存储和传输中的数据，是一种非常实用、经济、有效的方法。对信息进行加密保护可以防止攻击者窃取网络中的机密信息，从而使系统信息不被无关者识别。本章主要介绍数据加密技术及其应用。

3.1　密码学基础

简而言之，密码学(Cryptography)就是研究密码的科学，具体包括加密和解密变换。虽然密码学作为科学只是到了现代才得到了快速发展，但密码的应用却有着久远的历史，只是由于密码技术的使用仅限于较小的领域，如军事、外交、情报工作等，所以给人们一种神秘感。

3.1.1 密码学的基本概念

1．密码学的发展

密码学的发展历史悠久，早在四千多年前的古埃及时期，密码就得到了应用，他们使用的是一种被称为“棋盘密码”的加密方法。在两千多年前，罗马帝国使用一种被称为“凯撒密码”的密码体系。但密码技术直到现代计算机技术被广泛使用后才得到了快速发展和应用。

密码学的发展大致经历了以下几个阶段。

(1) 传统密码学阶段。

传统密码学阶段，也称为古代密码学阶段，一般是指 1949 年以前的密码学。在这个阶段，密码学还不是一门科学，仅出现了针对字符的一些基本密码算法，而对信息的加密、解密则主要依靠手工和机械完成。

(2) 计算机密码学阶段。

这个阶段一般是指 1949—1975 年之间。在这个阶段，由于计算机的出现及应用，密码学真正成为一门独立的学科，密码工作者可以利用计算机进行复杂的运算。但是，密码工作者使用的理论仍然是传统的密码学理论。这时，密码学研究的重点不是算法的保密而是密钥的保密。

(3) 现代密码学阶段。

现代密码学阶段是指用现代密码学思想研究如何对信息进行保密的阶段，其中公钥密码学成为主要的研究方向。具有代表性的事件列举如下。

1) 1976 年，由 Diffie 和 Hellman 提出了公开密钥密码的概念。

2) 1977 年，由 Rivest、Shamir 和 Adleman 提出了 RSA 公钥算法。

3) 1977 年，由美国国家标准局提出了数据加密标准(DES)。

4) 20 世纪 90 年代逐步出现椭圆曲线等其他公钥密码算法，对称密钥密码算法进一步成熟，Rijndael、RC6、MARS、Serpent 等出现。

5) 2001 年，由美国国家标准与技术研究院(NIST)公布了高级加密标准(AES)，其加密算法 Rijndael 取代 DES 算法。2006 年，AES 已成为对称密钥加密中最流行的标准之一。

随着计算机网络不断渗透到国民经济各个领域，密码学的应用也随之扩大。数字签名、身份验证等都是由密码学派生出来的新技术和应用。

2．密码学的相关概念

密码学包括密码编码学和密码分析学两部分。前者是研究密码变化的规律并用于编制密码以保护秘密信息的科学，即研究如何通过编码技术来改变被保护信息的形式，使得编码后的信息除指定接收者之外的其他人都不能理解；后者是研究密码变化的规律并用于分析(解释)密码以获取信息情报的科学，即研究如何攻破一个密码系统，恢复被隐藏起来的信息。密码编码学实现对信息进行保密，而密码分析学则实现对信息进行解密，两者相辅相成、互相促进，同时也是矛盾的两个方面。

在网络系统中，采用密码技术将信息隐蔽起来，再将隐蔽后的信息进行存储和传输。这样，即使信息在存储或传输过程中被窃取或截获，那些非法获得信息者因不了解这些信息的隐蔽规律，也就无法识别信息的内容，从而保证了网络系统中的信息安全。

明文(Plain Text)也称明码，是信息的原文，在网络中也称报文(Message)，通常指待发的电文、编写的专用软件、源程序等，可用 P 或 M 表示。密文(Cipher Text)又称密码，是明文经过变换后的信息，一般是难以识别的，可用 C 表示。

把明文变换成密文的过程就是加密(Encryption)，其反过程(把密文还原为明文)就是解密(Decryption)。

密码算法(Algorithm)是加密和解密变换的一些公式、法则或程序，多数情况下是一些数学函数。密码算法规定了明文和密文之间的变换规则。加密时使用的算法称为加密算法，解密时使用的算法称为解密算法。

密钥(Key)是进行数据加密或解密时所使用的一种专门信息(工具)，可看成是密码中的参数，用 K 表示。加密时使用的密钥称为加密密钥，解密时使用的密钥称为解密密钥。数据加密过程就是利用加密密钥，对明文按照加密算法的规则进行变换，得到密文的过程。解密过程就是利用解密密钥，对密文按照解密算法的规则进行变换，得到明文的过程。

使用密码算法和密钥的加密和解密过程如图 3.1.1 所示。其中 P 为明文，C 为密文，E 为加密操作，D 为解密操作，K_e 为加密密钥，K_d 为解密密钥。

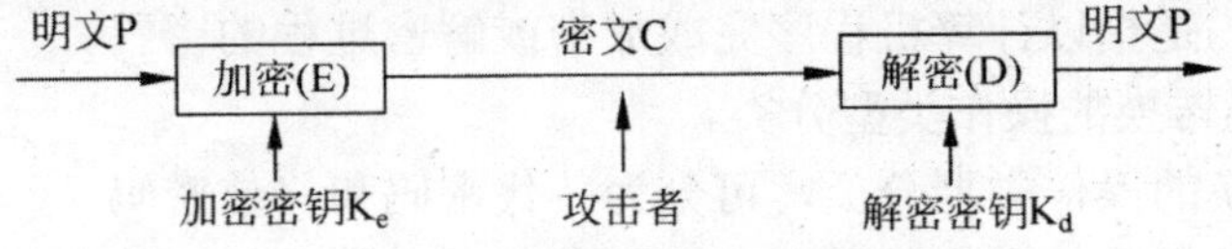

图 3.1.1　一般的密码系统示意图

密码系统是由算法、明文、密文和密钥组成的可进行加密和解密信息的系统。

根据被破译密码的难易程度，不同的密码算法可有不同的安全等级。如果破译密码算法的代价大于加密数据的价值，如果破译算法所需的时间比加密数据保密的时间更长，如果使用密钥加密的数据量比破译算法需要的数据量少得多，无论是上述哪种情况都可以认为密码算法是安全的。

密码算法可以公开也可以被分析，所有加密系统的安全性一般都是基于密钥的安全性，而不是基于算法细节的安全性。只要破译者不知道用户使用的密钥，他就对用户的密码系统无能为力，就不能破译其密文。

如图 3.1.1 所示，加密算法实际上是要完成其函数 $C=f(P, K_e)$的运算。对于一个确定的加密密钥 K_e，加密过程可看作是只有一个自变量的函数，记作 E_k，称为加密变换。因此加密过程也可记为

$$C=E_k(P)$$

即加密变换作用到明文 P 后得到密文 C。同样，解密算法也完成某种函数 $P=g(K_d, C)$的运算，对于一个确定的解密密钥 K_d 来说，解密过程可记为

$$P=D_k(C)$$

D_k 称为解密变换，D_k 作用于密文 C 后得到明文 P。

由此可见，密文 C 经解密后还原成原来的明文，必须有

$$P=D_k(E_k(P))=D_k \cdot E_k(P)$$

此处“·”是复合运算，因此要求

$$D_k \cdot E_k=I$$

I 为恒等变换，表明 D_k 与 E_k 是互逆变换。

3．密码的分类

(1) 按密码的历史发展阶段和应用技术分类。

按密码的历史发展阶段和应用技术分类，可分为手工密码、机械密码、电子机内乱密码和计算机密码。

手工密码是以手工完成，或以简单器具辅助完成加密和解密过程的密码。

机械密码是以机械密码机或电动密码机来实现加密和解密过程的密码。

电子机内乱密码是通过电子电路，以严格的程序进行逻辑加密或解密运算的密码。

计算机密码是指以计算机程序完成加密或解密过程的密码。

(2) 按密码转换的操作类型分类。

按密码转换的操作类型分类，可分为替代密码和移位密码。

替代密码是指将明文中的某些字符用其他的字符替换，从而将明文转换成密文的加密方式。

移位密码是指将明文中的字符进行移位处理，从而将明文转换成密文的加密方式。

加密算法中可以重复地使用替代和移位两种基本的加密变换。

(3) 按明文加密时的处理方法分类。

按明文加密时的处理方法分类，可分为分组密码和序列密码。

分组密码的加密过程是：首先将明文序列以固定的长度为单位进行分组，每组明文用相同的密钥和算法进行变换，得到一组密文。分组密码的加密和解密运算过程中的每一位是由输入的每一位和密钥的每一位共同决定的。分组密码具有良好的扩散性、对插入信息的敏感性、较强的适应性、加解密速度慢等特点。

序列密码的加密过程是：先把报文、语音和图像等原始信息转换为明文数据序列，再将其与密钥序列进行“异或”运算，生成密文序列发送给接收者。接收者用相同的密钥序列与密文序列再进行逐位解密(异或)，恢复明文序列。序列密码加密和解密密钥可通过采用一个比特流发生器随机产生二进制比特流而得到。该密钥与明文结合产生密文，与密文结合产生明文。序列密码的安全性主要依赖于随机密钥序列。序列密码具有错误扩展小、速度快、便于同步和安全程度高等优点。

(4) 按密钥的类型分类。

按密钥的类型分类，可分为对称密钥密码和非对称密钥密码。

对称密钥密码也称为传统密钥密码，其加密密钥和解密密钥相同或相近，由其中一个可以很容易地得出另一个，因此，加密密钥和解密密钥都是保密的。

非对称密钥密码也称为公开密钥密码，其加密密钥与解密密钥不同，由其中一个很难得到另一个。在这种密码系统中通常其中一个密钥是公开的，而另一个是保密的。

4．典型密码介绍

(1) 摩尔斯电码。

摩尔斯电码是一种时通时断的信号代码，这种信号代码通过不同的排列顺序来表达不同的英文字母、数字和标点符号等。最早的摩尔斯电码是一些表示数字的点和划(用一个电键敲击出的点、划以及中间的停顿)，数字对应单词，需要查找一本代码表才能知道每个词对应的数。

(2) 四方密码。

四方密码是一种对称式密码，由法国人 Felix Delastelle 发明。这是一种将字母两两分为一组，然后采用多字母替换而得到的密码。

(3) 希尔密码。

希尔密码是由 Lester S.Hill 于 1929 年发明的运用基本矩阵原理产生的替换密码。这是一种较为常用的古典密码，具有相同明文加密成不同密文的特点，因此较移位密码、仿射密码等更为安全实用。该算法可简便高效地实现所有 ASCII 字符的希尔加密和解密，其中求逆矩阵的算法较为简捷实用。

(4) 波雷费密码。

波雷费密码是一种对称式密码，是最先进行双字母替代的加密法。

(5) 仿射密码。

仿射密码也是一种替换密码，它是一个字母对应一个字母的。仿射密码的安全性很差，主要是因为其原理简单，没有隐藏明文的字频信息，因此很容易被破译。

3.1.2 传统密码技术

传统密码技术一般是指在计算机出现之前所采用的密码技术，主要由文字信息构成。在计算机出现前，密码学是由基于字符的密码算法所构成的。不同的密码算法主要是由字符之间互相代换或互相换位所形成的算法。

现代密码学技术由于有计算机参与运算所以变得复杂了许多，但原理没变。主要变化是算法对比特而不是对字母进行变换，实际上这只是字母表长度上的改变，从 26 个元素变为 2 个元素(二进制)。大多数好的密码算法仍然是替代和换位的元素组合。

传统加密方法加密的对象是文字信息。文字由字母表中的字母组成，在表中字母是按顺序排列的，可赋予它们相应的数字标号，可用数学方法进行变换。将字母表中的字母看作是循环的，则由字母加减形成的代码就可用求模运算来表示(在标准的英文字母表中，其模数为 26)，如 A+4=E，X 十 6=D(rood 26)等。

1．替代密码

替代是古典密码中最基本的变换技巧之一。替代变换要先建立一个替换表，加密时将需要加密的明文依次通过查表替换为相应的字符，明文字符被逐个替换后，生成无任何意义的字符串(密文)，替代密码的密钥就是替换表。

根据密码算法加密时使用替换表多少的不同，替代密码又可分为单表替代密码和多表替代密码。单表替代密码的密码算法加密时使用一个固定的替换表，多表替代密码的密码算法加密时使用多个替换表。

(1) 单表替代密码。

单表替代密码对明文中的所有字母都使用一个固定的映射(明文字母表到密文字母表)，加密的变换过程就是将明文中的每一个字母替换为密文字母表的一个字母，而解密过程与之相反。单表替代密码又可分为一般单表替代密码、移位密码、仿射密码和密钥短语密码。

(2) 多表替代密码。

多表替代密码的特点是使用了两个或两个以上的替代表。著名的弗吉尼亚密码和希尔密码均是多表替代密码。弗吉尼亚密码是最古老且最著名的多表替代密码体制之一，与移位密码体制相似，但其密码的密钥是动态周期变化的。希尔密码算法的基本思想是加密时将 n 个明文字母通过线性变换，转换为 n 个密文字母，解密时只需做一次逆变换即可。

2．移位密码

移位密码是指将明文的字母保持不变，但字母顺序被打乱后形成的密码。移位密码的特点是只对明文字母重新排序，改变字母的位置，而不隐藏它们，是一种打乱原文顺序的替代法。在简单的移位密码中，明文以固定的宽度水平地写在一张图表纸上，密文按垂直方向读出。解密就是将密文按相同的宽度垂直地写在图表纸上，然后水平地读出，即可得到明文。

3．一次一密钥密码

一次一密钥密码就是指每次都使用一个新的密钥进行加密，然后该密钥就被丢弃，再要加密时需选择一个新密钥进行。一次一密钥密码是一种理想的加密方案。

一次一密钥密码的密钥就像每页都印有密钥的本子一样，称为一次一密密钥本。该密钥本就是一个包括多个随机密钥的密钥字母集，其中每一页记录一条密钥。加密时使用一次一密密钥本的过程类似于日历的使用过程，每使用一个密钥加密一条信息后，就将该页撕掉作废，下次加密时再使用下一页的密钥。

发送者使用密钥本中每个密钥字母串去加密一条明文字母串，加密过程就是将明文字母串和密钥本中的密钥字母串进行模加法运算。接收者有一个同样的密钥本，并依次使用密钥本上的每个密钥去解密密文的每个字母串。接收者在解密信息后也要销毁密钥本中用过的一页密钥。

如果破译者不能得到加密信息的密钥本，那么该方案就是安全的。由于每个密钥序列都是等概率的(因为密钥是以随机方式产生的)，因此破译者没有任何信息用来对密文进行密码分析。

一次一密钥的密钥字母必须是随机产生的。对这种方案的攻击实际上是依赖于产生密钥序列的方法。不要使用伪随机序列发生器产生密钥，因为它们通常具有非随机性。如果采用真随机序列发生器产生密钥，这种方案就是安全的。

3.2　数据加密体制

数据加密体制也称密码体制，按照使用的密钥类型的不同，可分为对称密钥密码体制和公开密钥密码体制。

3.2.1 对称密钥密码体制

1．对称密钥密码算法

对称密钥密码算法也称传统密钥密码算法。在该算法中，加密密钥和解密密钥相同或相近，由其中一个很容易得出另一个，加密密钥和解密密钥都是保密的。在大多数对称密钥密码算法中，加密密钥和解密密钥是相同的，即 $K_e=K_d=K$(见图 3.1.1)，对称密钥密码的算法是公开的，其安全性完全依赖于密钥的安全。

对称密钥密码体制是加密和解密使用同样的密钥，这些密钥由发送者和接收者分别保存，在加密和解密时使用。该体制具有算法简单、加密 / 解密速度快、便于用硬件实现等优点。但它也存在密钥位数少、保密强度不够以及密钥管理(密钥的生成、保存和分发等)复杂等不足之处。特别是在网络中随着用户的增加，密钥的需求量也成倍增加。在网络通信中，大量密钥的分配和保管是一个很复杂的问题。

在计算机网络中广泛使用的对称加密算法有 DES、TDEA、AES、IDEA 等。

2．DES 算法

DES(Data Encryption Standard，数据加密标准)算法是具有代表性的一种密码算法。DES 算法最初是由 IBM 公司所研制的，于 1977 年由美国国家标准局颁布作为非机密数据的数据加密标准，并在 1981 年由国际标准化组织将其作为国际标准颁布。

DES 算法采用的是以 56 位密钥对 64 位数据进行加密的算法，主要适用于对民用信息的加密，广泛应用于自动取款机(ATM)、IC 卡、加油站、收费站等商业贸易领域。

(1) DES 算法原理。

在 DES 算法中有 Data、Key、Mode 三个参数。其中，Data 代表需要加密或解密的数据，由 8 字节 64 位组成；Key 代表加密或解密密钥，也由 8 字节 64 位组成；Mode 代表加密或解密的状态。

在 DES 算法中加密和解密的原理是一样的，只是因为 Mode 的状态不同，适用密钥的顺序不同而已。下面以数据加密过程为例予以说明。

(2) DES 算法的加密过程。

DES 算法的加密过程如图 3.2.1 所示。DES 加密有初始置换、子密钥生成、乘积变换和逆初始置换四个主要过程，图左侧的三个过程是明文的处理过程，右侧是子密钥的生成过程。

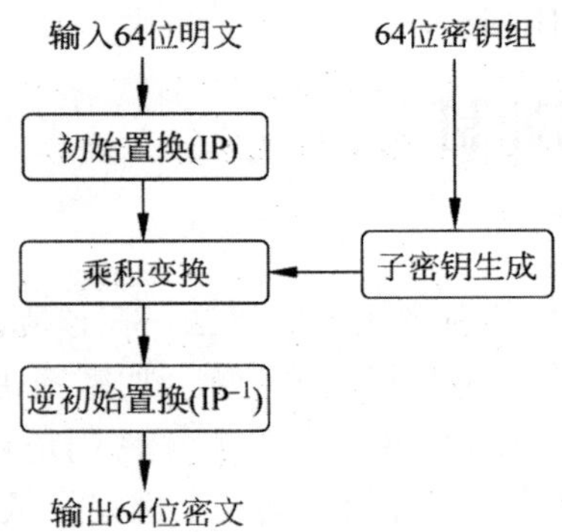

图 3.2.1　DES 算法加密流

1) 初始置换(Initial Permutation，IP)是对输入的 64 位数据按照规定的矩阵改变数据位的排列顺序的换位变换，此过程与密钥无关。

2) 子密钥生成是由 64 位外部输入密钥通过置换和移位操作生成加密和解密所需的 16 组(K_i，i=1～16)每组 48 位子密钥的过程。

3) 乘积变换过程非常复杂，是加密过程的关键。该过程通过 16 轮重复的扩展变换、压缩变换、替代、移位和异或操作打乱原输入数据。

4) 逆初始置换(IP 叫)与初始置换过程相同，只是置换矩阵是初始置换的逆矩阵。

(3) DES 算法的解密过程。

DES 算法的解密算法与加密算法相同，解密密钥也与加密密钥相同，区别仅在于进行 16 轮迭代运算时使用的子密钥顺序与加密时是相反的，即第 1 轮用子密钥 K_{16}，第 2 轮用 K_{15}…，最后一轮用子密钥 K_1。

(4) DES 算法的特点及应用。

DES 算法是世界上使用最为广泛和流行的一种分组密码算法，被公认为世界上第一个实用的密码算法标准。它的出现适应了电子化和信息化的要求，也适用于硬件实现，因此该算法被制成专门的芯片，应用于加密机中。

DES 算法具有算法容易实现、速度快、通用性强等优点，但也存在密钥位数少、保密强度较差和密钥管理复杂的缺点。

DES 算法具体在 POS(销售终端)、ATM(自动取款机)、磁卡及智能卡(IC 卡)、加油站、高速公路收费站等领域被广泛应用，以此来实现关键数据的保密。如信用卡持卡人的 PIN 的加密传输、IC 卡与 POS 间的双向认证、金融交易数据包的 MAC 校验等均可使用 DES 算法。

DES 算法在问世后的 30 多年里，已成为密码界研究的重点，经受住了许多科学家的研究和破译，在民用密码领域得到了广泛的应用。它曾为全球贸易、金融等非官方部门提供了可靠的通信安全保障。DES 标准生效后，规定每隔 5 年由美国国家安全局 NSA(National Security Agency)进行一次评估，并确定它是否可以继续作为联邦加密标准使用。DES 的缺点是密钥位数太短(56 位)，而且算法是对称的，使得这些密钥中还存在一些弱密钥和半弱密钥，因此容易被破译者采用穷尽密钥的方法解密。此外，由于 DES 算法完全公开，其安全性完全依赖于对密钥的保护，必须有可靠的信道来分发密钥，如采用信使递送密钥等。因此，其密钥管理过程非常复杂，不适合在网络环境下单独使用，可以与非对称密钥算法混合使用。1998 年 5 月，美国 EFF(Electronic Frontier Foundation)宣布，他们以一台价值 20 万美元的计算机改装成的专用解密机，用 56 小时破译了 56 位密钥的 DES。美国国家标准和技术协会在征集并进行了几轮评估、筛选后，产生了称为 AES(Advanced Encryption Standard)的新加密标准。尽管如此，DES 对推动密码理论的发展和应用仍起了重大作用，同时 DES 中的基本运算思路在 IDEA、TDEA 等对称密钥密码算法中也得到了广泛应用，因此其对于掌握分组密码的基本理论、设计思想和实际应用仍然具有重要的参考价值。

3．其他对称加密算法简介

(1) TDEA 算法。

TDEA(Triple Data Encryption Algorithm，三重 DES)算法，其本质和 DES 算法是一致的。它是为了解决 DES 算法密钥过短的问题而出现的。在 TDEA 算法中，使用三个密钥，执行三次DES算法，该算法的总密钥长度为168位(56位的三倍)。

如果将TDEA算法中的密钥表示为K_1、K_2和K_3，则它的加密过程为

$$C=E_{K3}(D_{K2}(E_{K1}(M)))$$

即使用密钥K_1进行第一次加密，然后用密钥K_2对上一结果进行解密，再用密钥K_3对上一结果进行第二次DES加密。

TDEA的解密过程为

$$M=D_{K1}(E_{K2}(D_{K3}(C)))$$

即与加密操作相反，先用K_3解密，然后用K_2加密，最后用K_1解密。

当$K_1=K_2=K_3$时，则TDEA算法就是DES算法；当$K_1=K_3$时，TDEA算法相当于两重DES，其密钥长度为112位。

(2) AES算法。

AES(Advanced Encryption Standard，高级加密标准)是由美国国家标准与技术研究所(NIST)于1997年发起征集的数据加密标准，旨在得到一个非保密的、全球免费使用的分组加密算法，并能成为替代DES的数据加密标准。NIST于2000年选择了比利时两位科学家提出的Rijndael作为AES的算法。

Rijndael 是一种分组长度和密钥长度都可变的分组密码算法，其分组长度和密钥长度都分别可为128b、192b和256b。Rijndael算法具有安全、高效和灵活等优点，使它成为 AES最合适的选择。

1) 安全性。Rijndael算法的频数具有良好的随机特性，其密文比特服从0.5的二项式分布，因此其安全性大大增强。它对抗线性攻击和差分攻击的能力也很强。

2) 高效性。由于Rijndael算法的线性和非线性混合层都采用矩阵运算，并且其变化的轮数(8～12轮)较少，使得它具有很高的速度。

3) 灵活性。Rijndael满足AES的要求，密钥长度可为128b、192b和256b，所以可根据不同的加密级别选择不同的密钥长度；其分组长度也是可变的，这恰好弥补了DES的不足；其循环次数允许在一定范围内根据安全要求进行选取。这些都体现了该算法的灵活性。

(3) IDEA算法。

IDEA(International Data Encryption Algorithm，国际数据加密算法)是由瑞士的著名学者提出的。IDEA在1990年被正式公布并在以后得到增强。这种算法是在DES算法的基础上发展起来的，类似于三重DES。

类似于DES，IDEA也是一种分组密码算法，分组长度为64位，但密钥长度为128位。该算法是用128位密钥对64位二进制码组成的数据组进行加密的，也可用同样的密钥对64位密文进行解密变换。

IDEA与DES的明显区别在于循环函数和子密钥的生成不同。对循环函数来

说，IDEA 不使用 S 盒变换，而是依赖于三种不同的数学运算：XOR、16 位整数的二进制加法、16 位整数的二进制乘法。这些函数结合起来可以产生复杂的转换，但这些转换很难进行密码分析。子密钥生成算法完全依赖于循环移位的应用，但使用方式复杂。

IDEA 算法设计了一系列加密轮次，每轮加密都使用从完整的加密密钥中生成的一个子密钥。每轮次中也使用压缩函数进行变换，只是不使用移位置换。IDEA 中使用异或、模 2^{16} 加法和模 $2^{16}+1$ 乘法运算，这三种运算彼此混合可产生很好的效果。运算时 IDEA 把数据分为 4 个子分组，每个分组 16 位。

与 DES 的不同处还在于，IDEA 采用软件实现和采用硬件实现同样快速。IDEA 的密钥比 DES 的多一倍，增加了破译难度，被认为是长期有效的算法。

由于 IDEA 是在美国之外提出并发展起来的，避开了美国法律上对加密技术的诸多限制，因此，有关 IDEA 算法和实现技术的书籍都可以自由出版和交流，从而极大地促进了 IDEA 的发展和完善。

3.2.2 公开密钥密码体制

对称密钥加密方法是加密、解密使用同样的密钥，这些密钥由发送者和接收者分别保存，在加密和解密时使用。对称密钥方法的主要问题是密钥的生成、管理、分发等都很复杂，特别是随着用户的增加，密钥的需求量也成倍增加。例如，网络中有 n 个用户，当其中每两个用户之间都需要建立保密通信时，系统中所需的密钥总数将达 $n(n-1) / 2$ 个，如果两个用户之间可能有多次通信，而每次通信的密钥又不能一样，这样网络中需要的密钥数又将大量增加。在网络通信中，大量密钥的分配和保管是一个很复杂的问题。而公开密钥密码算法中密钥的使用量却很少，因此其在密钥管理上要方便得多。

1. 公开密钥密码体制简介

美国科学家 Diffie 和 Hellman 于 1976 年提出了“公开密钥密码体制”的概念，开创了密码学研究的新方向。公开密钥密码体制的产生主要有两个方面的原因：一个是由于对称密钥密码体制的密钥分配问题，另一个是由于对数字签名的需求。

与对称密钥加密方法不同，公开密钥密码系统采用两个不同的密钥来对信息进行加密和解密。加密密钥与解密密钥不同，由其中一个不容易得到另一个。通常，在这种密码系统中，加密密钥是公开的，解密密钥是保密的，加密和解密算法都是公开的。每个用户都有一个对外公开的加密密钥 K_e(称为公钥)和对外保密的解密密钥 K_d(称为私钥)，因此这种密码体制又称非对称密码体制。

在公开密钥密码算法中，可用私钥 K_d 解密由公钥 K 加密后的密文，即 $M=D_{kd}(E_{ke}(M))$，但却不能用加密密钥去解密密文，即 $M \neq D_{ke}(E_{kd}(M))$。

使用公开密钥对文件进行加密传输的实际过程包括如下四个步骤。

(1) 发送方生成一个加密数据的会话密钥，并用接收方的公开密钥对会话密钥进行加密，然后通过网络传输到接收方；

(2) 接收方用自己的私钥进行解密后得到加密文件的会话密钥；

(3) 发送方对需要传输的文件用自己的私钥进行加密，然后通过网络把加密后的文件传输到接收方；

(4) 接收方用会话密钥对文件进行解密得到文件的明文形式。

因为只有接收方才拥有自己的私钥，所以即使其他人得到了经过加密的会话密钥，也因为他没有接收方的私钥而无法进行解密，就得不到会话密钥，从而也保证了传输文件的安全性。实际上，在上述文件传输的过程中实现了两个加密解密过程：会话密钥的加密和解密与文件本身的加密和解密，这分别通过对称密码体制的会话密钥与公开密钥密码体制的私钥和公钥来实现。

自公开密钥密码体制问世以来，学者们提出了许多种公钥加密方法，如 RSA、ECC、背包、E1Gamal、Rabin、DSA 和散列函数算法(MD4、MD5)等，它们的安全性都是基于复杂的数学难题。根据所基于的数学难题来区分，有以下三类系统算法被认为是安全和有效的：大整数因子分解系统(代表性算法是 RSA)、椭圆曲线离散对数系统(代表性算法是 ECC)和离散对数系统(代表性算法是 DSA)。

最著名、应用最广泛的公钥系统的密码算法是 RSA 算法，它的安全性是基于大整数素因子分解的困难性，而大整数因子分解问题是数学上的著名难题，至今没有有效的方法予以解决，因此可以确保 RSA 算法的安全性。

ECC(Elliptic Curve Cryptography，椭圆曲线加密算法)是基于离散对数计算的困难性。ECC 算法与 RSA 算法相比，具有安全性能更高、运算量小、处理速度快、占用存储空间小、带宽要求低等优点。因此，ECC 系统是一种安全性更高、算法实现性能更好的公钥系统。

DSA(Data Signature Algorithm，数字签名算法)是基于离散对数问题的数字签名标准，它仅提供数字签名功能，不提供数据加密功能。

2. RSA 算法

1977 年，Rivest、Shamir 和 Adleman 三位科学家共同提出了公开密钥密码体制，其实现算法称为 RSA(以三位科学家名字的首字母组合命名)算法。RSA 算法不仅解决了对称密钥密码算法中密钥管理的复杂性问题，而且也便于进行数字签名。

RSA 算法是典型的公开密钥密码算法，利用公开密钥密码算法进行加密和数字签名的大多数场合都使用 RSA 算法。

(1) RSA 算法的原理。

RSA 算法是建立在素数理论(欧拉函数和欧几里得定理)基础上的算法。在此不介绍 RSA 的理论基础(复杂的数学分析和理论推导)，只简单介绍其密钥的选取和加、解密的实现过程。

1) 随机选取大素数 p 和 q(一般为大于 100 位的十进制数)，予以保密；

2) 计算 n=p×q，作为公开模数；

3) 计算欧拉函数，Ø(n)=(p−1)(q−1)(rood n)；

4) 选择一个随机数 e，满足 1<e<Ø(n)，且 e 和Ø(n)互质，将 e 作为公钥；

5) 利用 e×d=1(roodØ(n))式计算出 d 值，并将其作为私钥；

6) 发送方用自己的公钥 e 和公开数 n，按 C=M_e(rood n)式计算得到密文 C，再将 C 发给接收方；

7) 接收方收到 C 后，再利用自己的私钥 d 按 M=C^d(rood n)式进行解密运算，得到明文 M。

(2) RSA 算法的安全性。

RSA 算法具有密钥管理简单(每个用户仅保密一个密钥，且不需密钥配送)、便于数字签名、可靠性较高(取决于分解大素数的难易程度)等优点，但也具有算法复杂、加密 / 解密速度慢、难于用硬件实现等缺点。因此，公钥密码体制通常被用来加密关键性的、核心的、少量的机密信息，而对于大量要加密的数据通常采用对称密码体制。

RSA 算法的安全性建立在难于对大数进行质因数分解的基础上，因此大数 n 是否能够被分解是 RSA 算法安全的关键。随着计算机计算速度的提高，对于大数 n 的位数要求越来越大。RSA 实验室认为，512 位的 n 已不够安全，应停止使用，现在的个人需要用 668 位的 n，公司要用 1024 位的 n，极其重要的场合应该用 2048 位的 n。另外，由于用 RSA 算法进行的都是大数运算，使得 RSA 算法无论是用软件实现还是硬件实现，其速度都要比 DES 算法慢得多。因此，RSA 算法一般只用于加密少量数据。

3.3　数字签名与认证

数字签名(Digital Signature)是一种类似写在纸上的普通物理签名，但它是利用密码技术实现的一种电子签名。认证是指由认证机构(权威的第三方)证明产品、服务、管理体系符合相关技术规范的要求或标准的合格评定活动。

3.3.1 数字签名概述

1．数字签名

数字签名是附加在数据单元上的一些特殊数据，或是对数据单元所进行的密码变换。这种数据或变换允许数据单元的接收者用以确认数据单元的来源和数据单元的完整性，防止被人伪造。数字签名是使用密码技术实现的。数字签名能保证信息传输的完整性和发送者身份的真实性，防止交易中的抵赖行为。

数字签名可解决手写签名中签字人否认签字或其他人伪造签字等问题，因此被广泛用于银行的信用卡系统、电子商务系统、电子邮件以及其他需要验证、核对信息真伪的系统中。利用数字签名信息可辨别数据签名人的身份，并表明签名人对数据信息中包含信息的认可。

手工签名是模拟的，因人而异；而数字签名是数字式的(0、1 数字串)，因信息而异。

数字签名具有以下功能。

(1) 收方能够确认发方的签名，但不能伪造。

(2) 发方发出签过名的信息后，不能再否认。

(3) 收方对收到的签名信息也不能否认。

(4) 一旦收发双方出现争执，仲裁者可有充足的证据进行裁决。

2．公钥密码技术用于数字签名

密码技术除了提供加密／解密功能外，还提供对信息来源的鉴别、信息的完整性和不可否认性的保证功能，而这三种功能都可通过数字签名实现。在电子商务系统中，其安全服务都要用到数字签名技术。在电子商务中，完善的数字签名应具备签字方不能抵赖、他人不能伪造、在公证人面前能够验证真伪的能力。

目前数字签名主要是采用基于公钥密码体制的算法，这是公开密钥密码技术的另一种重要应用。普通数字签名算法有 RSA、E1Gamal、DSA、ECC 和有限自动机数字签名算法等，特殊数字签名有盲签名、代理签名、不可否认签名、门限签名和具有消息恢复功能的签名等，它们与具体应用环境密切相关。

一个由公钥体制实现的数字签名示意图如图 3.3.1 所示。但该结构只能实现签名和验证，而没有加密和解密功能。一个典型的由公钥密码体制实现的、带有加／解密功能的数字签名和验证示意图如图 3.3.2 所示。

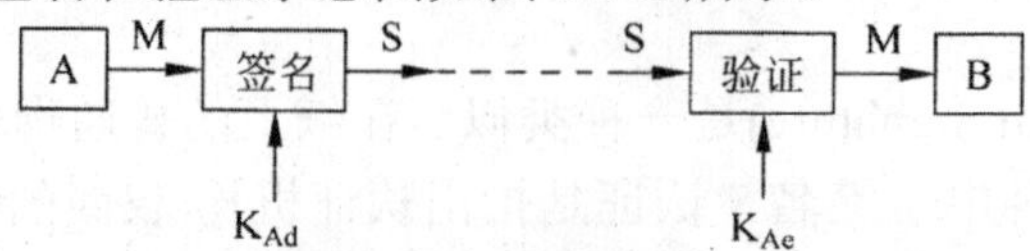

图 3.3.1　公钥体制实现的数字签名示意图

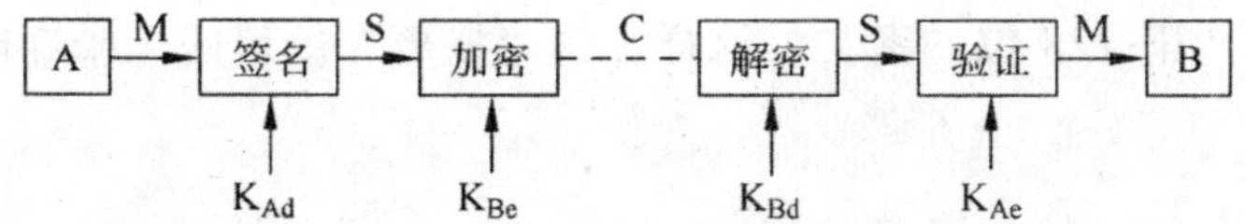

图 3.3.2　带有加／解密功能的数字签名和验证示意图

数字签名保证信息完整性的原理是：将要传送的明文通过一种单向散列函数运算转换成信息摘要(不同的明文对应不同的摘要)，信息摘要加密后与明文一起传送给接收方，接收方对接收的明文进行计算产生新的信息摘要，再将其与发送方发来的信息摘要相比较。若比较结果一致，则表示明文未被改动，信息是完整的；否则，表示明文被篡改，信息的完整性受到破坏。

概括起来，数字签名的主要过程如下。

(1) 发送方利用单向散列函数从报文文本中生成一个 128 位的散列值(信息摘要)；

(2) 发送方用自己的私钥对这个散列值进行加密来形成发送方的数字签名；

(3) 该数字签名将作为报文的附件和报文一起被发送给接收方；

(4) 接收方从收到的原始报文中计算出 128 位的散列值(信息摘要)；

(5) 接收方用发送方的公开密钥对报文附加的数字签名进行解密得到原散列值。如果这两个散列值相同，则接收方就能确认该数字签名是发送方的。

3．数字签名算法

目前，广泛应用的数字签名算法主要有 RSA 签名、DSS(数字签名系统)签名和 Hash 签名。这三种算法可单独使用，也可混合在一起使用。数字签名是通过密码算法对数据进行加、解密变换来实现的。用对称密钥密码算法也可实现数字签名。

用 RSA 或其他公钥密码算法的最大好处是没有密钥分配问题(网络越复杂，网络用户越多，其优点越明显)。因为公钥加密使用两个不同的密钥，其中一个是公开的(公钥)，另一个是保密的(私钥)。公钥可以保存在系统目录内、未加密的电子邮件中、电话号码簿或公告牌中，网上的任何用户都可获得该公钥。而私钥是用户专用的，由用户本身持有，它可以对由公钥加密的信息进行解密。实际上 RSA 算法中数字签名是通过一个 Hash 函数实现的。

DSS 是由美国国家标准化研究院和国家安全局共同开发的。由于它是由美国政府颁布实施的，美国政府出于保护国家利益的目的不提倡使用任何削弱政府窃听能力的加密软件，因此，DSS 主要用于与美国政府做生意的公司，其他公司则较少使用。

Hash 签名是最主要的数字签名方法，也称之为数字摘要法。著名的数字摘要加密方法 MD5 由 Ron Rivest 设计，该编码算法采用单向 Hash 函数将需加密的明文“摘要”成一串 128 位的密文。这样，该“摘要”就可成为验证明文是否真实的依据。

4．PKI

PKI(Public Key Infrastructure，公钥基础设施)是一个用公开密钥密码的概念与技术来实施和提供安全服务的普遍适用的安全基础设施。它遵循标准的公钥加密技术，为电子商务、电子政务、网上银行和网上证券等行业，提供一整套安全保证的基础平台。用户利用 PKI 基础平台所提供的安全服务，可在网上实现安全通信。PKI 这种遵循标准的密钥管理平台，能够为所有的网上应用提供加密和数字签名等安全服务所需要的密钥和证书管理。PKI 技术是信息安全技术的核心，也是电子商务的关键和基础技术。PKI 的基础技术包括加密、数字签名、数据完整性机制、数字信封、双重数字签名等。

完整的 PKI 系统必须具有权威认证机构、数字证书库、密钥备份及恢复系统、证书作废系统、应用接口(API)等基本构成部分，构建 PKI 也将围绕着这五大系统来着手构建。

3.3.2 CA 认证与数字证书

1．CA 认证

CA(Certificate Authority，认证机构)是 PKI 的主要组成部分和核心执行机构，一般简称为 CA，业界通常称为认证中心。CA 是一种具有权威性、可信任性和公正性的第三方机构。在网上的电子交易中，商户需要确认持卡人是否是信用卡或借记卡的合法持有者，同时持卡人也要能够鉴别商户是否为合法商户，是否被授权接受某种品牌的信用卡或借记卡支付。为处理这些问题，必须有一个大家都信赖的机构来发放一种数字证书。数字证书就是参与网上交易(交换)活动的各方(如持卡人、商家、支付网关)身份的证明。每次交易时，都要通过数字证书对各方的身份进行验证。CA 认证是一种安全控制技术，它可以提供网上交易所需的信任。CA 认证的出现和数字证书的使用，使得开放的网络更加安全。CA 认证中心作为权威的、可信赖的、公正的第三方，是发放、管理、废除数字证书的机构。其作用是检查证书持有者身份的合法性，并签发证书，以防证书被伪造或篡改，以及对证书和密钥进行管理，承担公钥体系中公钥合法性检验的责任。

CA 的组成主要有证书签发服务器、密钥管理中心和目录服务器。证书签发服务器负责证书的签发和管理，包括证书归档、撤销与更新等；密钥管理中心用硬件加密机产生公／私密钥对，CA 私钥提供 CA 证书的签发；目录服务器负责证书和证书撤销列表的发布和查询。

2. 数字证书

CA 认证中心所发放的数字证书就是网络中标志通信各方身份信息的电子文件，它提供了一种在网络上验证用户身份的方式。人们可以在交往(交易)中使用数字证书来识别对方的身份。因此，数字证书相当于日常生活中司机的驾驶执照或居民的个人身份证，而 CA 相当于网上公安局，专门发放、管理和验证这些执照或身份证。

数字证书简称证书，是 PKI 的核心元素，是数字签名的技术基础。数字证书可证明某一实体的身份及其公钥的合法性，以及该实体与公钥二者之间的匹配关系。证书是公钥的载体，证书上的公钥唯一与实体身份相匹配。现行的 PKI 机制一般为双证书机制，即一个实体应具有两个证书，一个是加密证书，一个是签名证书。加密证书原则上不能用于签名。

证书在公钥体制中是密钥管理的媒介，不同的实体可通过证书来互相传递公钥。CA 颁发的证书与对应的私钥存放在一个保密文件里，最好的办法是存放在 IC 卡或 USBKey 中，可以保证私钥不出卡、证书不被复制，安全性高，携带方便，便于管理。

数字证书主要用于身份认证、签名验证和有效期的检查。CA 签发证书时，要对证书的格式版本、序列号、有效期、持有者名称、公钥和 CA 签名算法标识等进行签名，以示对所签发证书内容的完整性、准确性负责，并证明该证书的合法性和有效性。

数字证书通常有个人证书、企业证书和服务器证书等类型。个人证书有个人安全电子邮件证书和个人身份证书，前者用于安全电子邮件或向需要客户验证的 Web 服务器表明身份；后者包含个人身份信息和个人公钥，用于网上银行、网上证券交易等各类网上作业。企业证书中包含企业信息和企业公钥，可标识证书持有企业的身份，证书和对应的私钥存储于磁盘或 IC 卡中，可用于网上证券交易等各类网上作业。服务器证书有 Web 服务器证书和服务器身份证书，前者用于 IIS 等多种 Web 服务器；后者包含服务器信息和公钥，可标识证书持有服务器的身份，证书和对应的私钥存储于磁盘或 IC 卡中，用于表征该服务器身份。

以数字证书为核心的加密技术可以对网络上传输的信息进行加密解密、数字签名和验证，确保网上传递信息的保密性、完整性，以及交易实体身份的真实性、签名信息的不可否认性，从而保障网络应用的安全性。

3.3.3 数字证书的应用

数字证书可应用于网上的各种电子事务处理和电子商务活动，如用于发送安全电子邮件、访问安全站点、网上证券、网上银行、网上招投标、网上签约、网上办公、网上缴费、网上纳税等网上应用。其应用范围涉及需要身份认证及数据安全的各个行业，包括传统的商业、制造业、流通业的网上交易，以及公共事业、金融服务业、工商、税务、海关、教育科研、保险和医疗等网上作业系统。

1. 网上银行

银行数字证书主要用于网上交易及网上银行结算，其主要功能是鉴别交易方身份、保证信息的完整性和信息内容的保密性。交易方身份验证就是要能准确鉴别信息的来源，鉴别彼此通信的对等实体的身份，即银行网站验证证书持有者的身份，而客户也可以通过网站证书验证网站的合法性。只要用户申请并使用了银行提供的数字证书，即可保证网上银行业务的安全。这样，即使黑客窃取了用户的账户密码，因为他没有用户的数字证书，也无法进入用户的网上银行账户。经过数字签名的网银交易数据是不可修改的，且具有唯一性和不可否认性，从而可以防止他人冒用证书持有者的名义进行网上交易，维护用户及银行的合法权益，减少和避免经济及法律纠纷。

银行数字证书的申请流程通常是：用户持本人有效身份证件及账户到银行营业网点办理证书申请手续，办理手续时填写有关电子银行业务个人客户注册申请表，选择开通网上银行服务，并签署相关的电子银行服务协议；银行营业网点将当场录入客户信息，用户自行设定注册密码，选择使用动态口令卡或支付宝，完成注册；用户在有效期内登录到银行网站，安装根证书和申请用户数字证书(下载证书)，下载数字证书时提示设置私钥密码，要记住该密码，因为证书导出、导入时要用到它；下载完毕后要马上导出证书把它保存好，以便在别的机器上使用。数字证书下载完成后，就可通过银行网站登录网上银行，并在网上办理银行的存贷款管理、转账汇款、电子支付、民生缴费、理财等各种业务。各银行网站均有数字证书的申请过程和使用说明，读者可自行参考。

2. 网上办公

网上办公系统综合国内政府、企事业单位的办公特点，提供一个虚拟的办公环境，并在该系统中嵌入数字认证技术，开展网上政文的上传下达。通过网络联通各个岗位的工作人员，通过数字证书进行数字加密和数字签名，实行跨部门运作，实现安全便捷的网上办公。

3. 网上报税

为了配合税务机关和企业信息化工作，加强网上报税系统的安全性，CA 中心可向税务机关和纳税人提供权威的数字认证服务。利用基于数字证书的用户身份认证技术对网上报税系统中的申报数据进行数字签名，确保申报数据的完整性，确认系统用户的真实身份和申报数据的真实来源，防止出现抵赖行为和他人伪造篡改数据；利用基于数字证书的安全通信技术，对网络上传输的机密信息进行加密，防止纳税人商业机密或其他敏感信息的泄露。

4．网上交易

利用数字证书的认证技术，在网上对交易双方进行身份确认以及资质的审核，确保交易者信息的唯一性和不可抵赖性，保护交易各方的利益，实现安全交易。

5．网上招投标

以往的招投标受时间、地域、人文等影响，存在着许多弊病，例如外地投标者参投不便、招投标各方的资质信息不明，以及招标单位和投标单位之间存在秘密关系等。利用数字证书技术可实行网上的公开招投标，招投标企业只有在通过身份和资质认证后，才可在网上展开招投标活动，从而确保了招投标企业的安全性和合法性。双方企业通过安全网络通道了解和确认对方的信息，选择符合自己条件的合作伙伴，确保网上的招投标在一种安全、透明、信任、合法、高效的环境下进行。

3.4 网络保密通信

网络保密通信就是在计算机网络中保证信息存储和传输过程安全的通信。为使网络系统资源被充分利用，就要保证网络系统的通信安全。要保证网络系统通信安全，就要充分认识到网络通信系统和通信协议的弱点，采取相应的安全策略，尽可能地减少系统面临的各种风险，保证网络系统具有高度的可靠性、信息的完整性和保密性。

3.4.1 保密通信

网络通信系统可能会面临各种各样的威胁，如自然灾害、恶劣的系统环境、人为破坏和误操作等。所以，要保护网络通信安全，不仅要克服各种自然和环境的影响，更重要的是要防止人为因素造成的威胁。

1．TCP / IP 协议的脆弱性

基于 TCP / IP 协议的服务有很多，如 Web 服务、SMTP 服务、TFTP 服务、FTP 服务、Finger 服务等。这些服务都在不同程度上存在安全缺陷，主要缺陷如下所述。

(1) Web 服务漏洞。Web 服务器没有对用户提交的超长请求进行适当的处理，就会导致缓冲区溢出。这种漏洞可能导致执行任意命令或者拒绝服务，一般取决于构造的数据。

(2) SMTP 服务漏洞。电子邮件附着的文件中可能带有病毒，邮箱经常被塞满，电子邮件炸弹令人烦恼，还有邮件溢出等。

(3) TFTP 服务漏洞。TFTP 用于 LAN，它没有任何安全认证，且安全性极差，常被人用来窃取密码文件。

(4) FTP 服务漏洞。有些匿名 FTP 站点为用户提供一些可写的区域，用户可上传一些信息到站点上，这就会浪费用户的磁盘空间、网络带宽等资源，还可能造成“拒绝服务”攻击。

(5) Finger 服务漏洞。Finger 服务可查询用户信息，包括网上成员的姓名、用户名，以及最近的登录时间、登录地点和当前登录的所有用户名等，这也为入侵者提供了必要的信息和便利。

2. 线路安全

通过在通信线路上搭线可以截获(窃听)传输信息，还可以使用相应设施接收线路上辐射的信息，这些就是通信中的线路安全问题。可以采取相应的措施来保护通信线路的安全。一种简单但很昂贵的电缆加压技术可保护通信电缆的安全，该技术是将通信电缆密封在塑料套中深埋于地下，并在线路的两端加压。线路上连接了带有报警器的显示器用来测量压力。如果压力下降，则意味着电缆被破坏，维修人员将去维修出现问题的电缆；另一种电缆加压技术不是将电缆埋于地下，而是架空，每寸电缆都暴露在外。如果有人要割电缆，监视器就会启动报警器，通知安全保卫人员。如果有人在电缆上接了自己的通信设备，安全人员在检查电缆时，就会发现电缆的拼接处。加压电缆是屏蔽在波纹铝钢包皮中的，因此几乎没有电磁辐射，如果用电磁感应窃密，就会很容易被发现。

3. 通信加密

网络中的数据加密可分为两个途径，一种是通过硬件实现数据加密，一种是通过软件实现数据加密。硬件数据加密有链路加密和端到端加密方式。软件数据加密就是指使用前述的加密算法进行的加密。

计算机网络中的加密可以在不同层次上进行，最常用的是在应用层、链路层和网络层。应用层加密需要所使用的应用程序支持，包括客户机和服务器的支持。这是一种高级的加密，在某些具体应用中非常有效，但它不能保护网络链路。链路层加密使用于单一网络链路，仅仅在某条链路上保护数据，而当数据通过其他未被保护的链路时则不被保护。这是一种低级的保护，不能被广泛应用。网络层加密介于应用层加密和链路层加密之间，加密在发送端进行，通过不可信的中间网络，到接收端进行解密。

(1) 硬件加密。

所有加密产品都有特定的硬件形式。这些加密硬件被嵌入到通信线路中，然后对所有通过的数据进行加密。虽然软件加密正变得很流行，但硬件加密仍是商业和军事等领域应用的主要选择。选用硬件加密的原因有以下几点。

1) 快速。加密算法中含有许多的复杂运算，如果用软件实现这些复杂运算，则运算速度将会受到很大影响，而特殊的硬件却具有速度优势。另外，加密常常是高强度的计算任务，加密硬件芯片将能较好地完成这些任务并具有较快的速度。

2) 安全。非法用户可使用各种跟踪工具对运行在未加保护的计算机上的加密算法进行跟踪或修改而不被发现。使用硬件加密设备可将加密算法封装保护，以防被修改。特殊目的的 VLSI 芯片可以覆盖一层化学物质，使得任何企图对其内部进行的访问都将导致芯片逻辑的破坏。

3) 易于安装。大多数加密功能与计算机无关，将专用加密硬件放在电话、传真机或 MODEM 中比设置在微处理器中更方便。安装一个加密设备比修改配置计算机系统软件更容易。而软件要做到这些，唯一的办法就是将加密程序写在操作系统中。

(2) 软件加密。

任何加密算法都可用软件实现。软件实现的优点是具有灵活性和可移植性，易使用，易升级；而缺点是速度慢、开销大和易于被改动。

软件加密程序很大众化，并可用于大多数操作系统中。这些加密程序可用于保护个人文件，用户通常用手工方式加密文件。软件加密的密钥管理很重要，密钥不应该存储在磁盘中，密钥和未加密的文件在加密后应立即删除。

3.4.2 网络加密方式

通过硬件实现网络数据加密主要有链路加密和端到端加密两种方式。

1. 链路加密

链路加密(Link Encryption)是为保护两相邻结点之间链路上传输的数据而设立的，传输数据仅在数据链路层上进行加密。只要把两个密码设备安装在两个结点间的线路上，并装有同样的密钥即可实现链路加密。被加密的链路可以是微波、卫星和有线介质。

链路加密使在链路上传输的信息(包括信息正文、路由及检验码等控制信息)都是密文。而链路间结点上必须是明文，因为在各结点上都要进行路径选择，路由信息必须是明文，否则就无法进行路径选择了。这样，密文信息在中间结点上要先被解密，以获得路由信息和检验码，进行路由选择和差错检测，然后再被加密，送至下一链路。如图 3.4.1 所示，E、D 分别表示加密和解密操作，C 为密文，P 为明文，L 为链路。

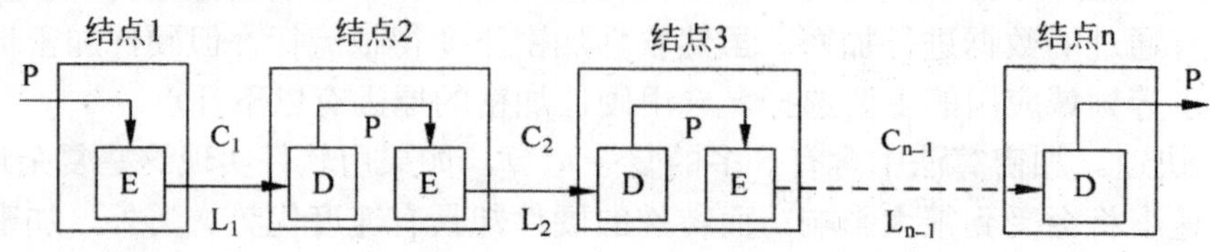

图 3.4.1　链路加密示意图

使用链路加密装置能为某数据链路上的所有报文提供保密传输服务。数据在到达目的地之前，可能要经过许多通信链路的传输。因此，在链路加密中信息在每台结点机内都要被解密和再加密，依次进行，直至到达目的地。同一结点上的解密和加密密钥可以是不同的，而同一条链路两端的加密和解密是相关的。网络中每一个信息经过的结点都必须有密码装置，以便进行解密和加密。如果信息仅在一部分链路上加密而在另一部分链路上不加密，仍然是不安全的，也就相当于都未加密。

链路加密时由于报头和正文在链路上均被加密，可掩盖被传输信息的源点与终点，这使得信息的频率和长度特性得以掩盖，从而可屏蔽掉报文的频率、长度等特征，这样使攻击者得不到这些特征值。因此，链路加密可防止报文流量分析的攻击。

2. 端到端加密

端到端加密(End-to-End Encryption)是传输数据在应用层上完成的加密方式。端到端加密可为两个用户之间传输的数据提供连续的安全保护。数据在初始结点上被加密，直到目的结点时才被解密，在中间结点和链路上数据均以密文形式传输，如图 3.4.2 所示。这样，信息在整个传输过程中均受到保护，所以即使有结点被损坏也不会使信息泄露。

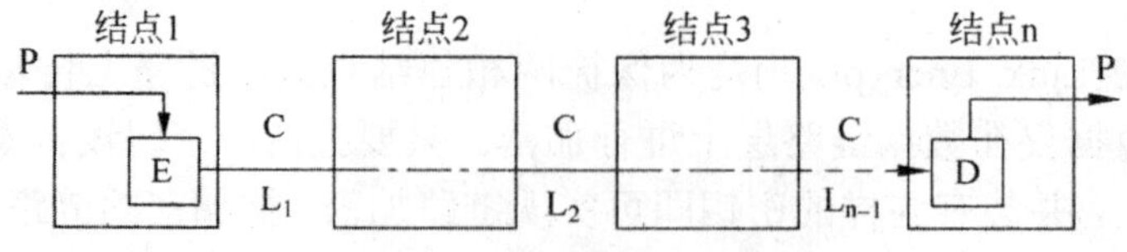

图 3.4.2　端到端加密示意图

端到端加密时，只有在发送端和接收端才有加密和解密设备，中间各结点不需要有密码设备。因此，与链路加密相比，可减少很多密码设备的数量。另外，由于信息是由报头和报文组成的，报文为传输的信息，报头为路由等控制信息，因此网络中数据传输时会涉及路由选择。在链路加密时，报文和报头两者都被加密，而在端到端加密时，各中间结点虽不进行解密，但必须检查报头信息，所以路由等控制信息不能被加密，必须是明文，即端到端加密只能对信息的正文(报文)进行加密，而不能对报头加密。

3．通信加密方式的比较

链路加密是对一条链路的通信采取保护措施，而端到端加密则是对整个网络的通信系统采取保护措施。

端到端加密系统的价格便宜，且与链路加密相比更可靠，也更容易设计、实现和维护。端到端加密还避免了其他加密系统所固有的同步问题，因为每个报文包均是独立被加密的，所以一个报文包所发生的传输错误不会影响其他报文包。端到端加密系统通常不对信息的目的地址进行加密，这是因为每一个信息所经过的结点都要用此地址来确定如何传输信息。由于这种方法不能掩盖被传输信息的源点与终点，因此它无法有效地防止信息流量分析攻击。

采用链路加密方式，从起点到终点要经过许多中间结点，在每个结点上信息均以明文形式出现。如果链路上的某一结点安全防护比较薄弱，那么按照木桶原理，虽然采取了加密措施，但整个链路的安全状况也是薄弱的。因此链路加密具有加密方式比较简单、容易实现，可防止报文流量分析的攻击，一条链路被攻破而不影响其他链路上的信息，一个中间结点被攻破时通过该结点的所有信息将被泄露，加密和维护费用大，用户费用很难合理分配等特点。

采用端到端加密方式，只是发送方加密报文，接收方解密报文，中间结点不必进行加密和解密，因此端到端加密具有可提供灵活的保密手段(如主机到主机、主机到终端、主机到进程的保护)，加密费用低且能准确分摊，可提高网络加密功能的灵活性(加密在应用层实现)，可采用软件实现且方便易行，不能防止对信息流量分析的攻击，对用户是透明的(加密结果对用户是可见的，起点、终点很明确，可进行用户认证)等特点。

从以上分析可知，链路加密对用户来说比较容易，但所用设备较多，而端到端加密比较灵活。因此，用户在确定选择通信加密方式时可做如下考虑。

(1) 在需要保护的链路数少，且要求实时通信、不支持端到端加密远程调用等场合，可选用链路加密方式。

(2) 在需要保护的链路数较多，或在文件保护、邮件保护、支持端到端加密的远程调用等通信场合，宜采用端到端加密方式；在多个网络互联的环境中，也宜采用端到端加密方式。

(3) 在需要抵御信息流量分析的场合，可考虑采用链路加密和端到端加密相结合的方式，即用链路加密方式加密路由信息，用端到端加密方式加密端到端传输的报文。

总体来说，端到端加密具有成本低、保密性强、灵活性好等优点，应用更为广泛。

3.4.3 网络保密通信协议

1. SSL协议及应用

(1) SSL 协议。

SSL(Secure Sockets Layer，安全套接层)协议是一种在客户端和服务器端之间建立安全通道的协议，它已被广泛应用于 Web 浏览器与服务器之间的身份认证和加密数据传输。SSL 是基于 Web 应用的安全协议，主要提供用户和服务器的合法性认证、数据加密解密和数据的完整性功能。现行的 Web 浏览器普遍将 HTTP 和 SSL 相结合，从而实现 Web 服务器和客户端浏览器之间的安全通信。SSL 协议采用公开密钥技术，其目的是保证发收两端通信的保密性和可靠性。SSL 协议所采用的加密算法和认证算法使它具有较高的安全性，因此其很快成为事实上的工业标准。SSL 协议的后续协议 TLS(Transport Layer Security，传输层安全)协议用于在两个应用程序之间提供信息的机密性和数据完整性。SSL 当前版本为 3.0，最新版本的 TLS 1.0 是 IETF(工程任务组)制定的一种新协议，它建立在 SSL3.0 协议之上，是 SSL 3.0 的后续版本，可将其理解为 SSL 3.1。

SSL 采用 TCP 作为传输协议提供数据的可靠性传输。SSL 工作在传输层之上，独立于更高层应用，可为更高层协议(如 HTTP、FTP 等)提供安全服务。SSI 协议在应用层协议通信之前就已完成了加密算法、通信密钥的协商和服务器认证工作。在此之后应用层协议所传送的数据都会被加密，从而保证通信的保密性。

SSL 不是一个单独的协议，而是由多个协议构成的，主要部分是记录协议和握手协议。SSL 记录协议建立在可靠的传输协议(如 TCP)之上，利用 IDEA、DES、3DES 或其他加密算法进行数据加密和解密，为高层协议提供数据封装、压缩、加密等基本功能的支持；SSL 握手协议建立在 SSL 记录协议之上，允许通信实体在交换应用数据之前协商密钥的算法、交换加密密钥和对客户端进行认证。

(2) SSL 协议的功能。

SSL 安全协议主要提供以下三方面的服务功能。

1) 用户和服务器的合法性认证。认证用户和服务器的合法性，能够确保数据将被发送到正确的客户机和服务器上。客户机和服务器都具有各自的识别号，这些识别号由公开密钥进行编号。为了验证用户是否合法，SSL 协议要求在握手交换数据时进行数字认证，以此来确保用户的合法性。

2) 数据加密。SSL 协议所采用的加密技术既有对称密钥技术，也有公开密钥技术。在客户机与服务器进行数据交换之前交换 SSL 初始握手信息，在 SSL 握手信息中采用各种加密技术对其加密，以保证其保密性和数据的完整性，并且用数字证书进行鉴别，这样就可以防止非法用户进行破译。

3) 数据的完整性。SSL 协议采用 Hash 函数和机密共享的方法提供信息的完整性服务，建立客户机与服务器之间的安全通道，使所有经过 SSL 协议处理的业务在传输过程中能全部准确地到达目的地。

(3) SSL 协议的实现过程。

SSL 协议对通信对话过程进行安全保护。其实现过程主要有如下几个阶段。

1) 接通阶段。客户机通过网络向服务器打招呼，服务器回应。

2) 密码交换阶段。客户机与服务器之间交换双方认可的密码，一般选用 RSA 密码算法，也可选用 Diffie-Hellman 密码算法。

3) 会话密码阶段。客户机与服务器间产生彼此交流的会话密码。

4) 检验阶段。客户机检验服务器取得的密码。

5) 客户认证阶段。服务器验证客户机的可信度。

6) 结束阶段。客户机与服务器之间相互交换结束信息。

在上述过程完成后，两者间的资料传送就是保密的。在另一方收到资料后，再将加密资料还原。即使盗窃者在网络上取得加密后的资料，也不能获得可读的有用信息。

(4) SSL 协议的应用。

SSL 协议主要使用公开密钥体制和 X.509 数字证书技术保护信息传输的保密性和完整性，但不能保证信息的不可否认性。它主要适用于点对点之间的信息传输，常用 Web 服务器方式。

使用 SSL 安全机制时，客户端与服务器端要先建立连接，服务器把它的数字证书与公钥一起发送给客户端。然后客户端随机生成会话密钥，用从服务器得到的公钥对会话密钥进行加密，并把会话密钥在网络上传递给服务器。会话密钥只有在服务器端用私钥才能解密。这样，客户端和服务器端就建立了一条安全通道。

SSL 协议是一个保证网络通信安全的协议，对通信对话过程进行安全保护。例如，一台客户机与一台主机连接，首先要初始化握手协议，然后就建立一个 SSL，对话开始。直到对话结束，SSL 协议都会对整个通信过程进行加密，并且检查其完整性。建立 SSL 安全机制后，只有 SSL 允许的客户才能与 SSL 允许的 Web 站点进行通信，并且在使用 URL 资源定位器时，输入“https: //”而不是“http: //”。

2．SSH 协议及应用

SSH(Secure Shell，安全外壳)协议是由 IETF 网络工作组制定、建立在应用层和传输层基础上的安全协议，目前已经得到广泛应用。它具有易于使用、安全性和灵活性好等优点，是一种在不安全网络上提供安全远程登录及其他安全网络服务的协议。

(1) SSH 协议。

TCP / IP 协议本质上是不安全的，因为它们允许在网络上以明文传送数据、用户账号和用户口令，攻击者可以通过窃听等手段轻易地截获这些信息。而且 TCP / IP 应用层服务(如 FTP、Telnet 和 PoP 等)的简单安全验证方式也有其弱点，很容易受到“中间人”方式的攻击。所谓“中间人”攻击，就是“中间人”冒充真正的服务器接收用户传送给服务器的数据，然后再冒充用户把数据传送给真正的服务器。服务器和用户之间传送的数据会被“中间人”做手脚，这就会出现严重的安全问题。

通过使用 SSH 协议，用户可以对所有传输的数据进行加密，这样可防止“中间人”方式的攻击，同时也能防止 DNS 欺骗和 IP 欺骗。SSH 有很多功能，既可以代替 Telnet，又可以为 FTP、PoP、PPP 等提供安全“通道”。

SSH 协议分为客户端和服务器端两部分。服务器端是一个守护进程(daemon)，在后台运行并响应来自客户端的连接请求。服务器端一般是 sshd 进程，提供对远程连接的处理，一般包括公钥认证、密钥交换、对称密钥加密和非安全连接。客户端包含 ssh 程序和 sop(远程复制)、slogin(远程登录)、sftp(安全文件传输)等应用程序。

从客户端来看，SSH 提供基于口令和基于密钥的两种级别的安全验证。

基于口令的安全验证：只要用户知道自己的账号和口令，就可以登录到远程主机，并且所有传输的数据都会被加密。但这种验证方式不能保证用户正在连接的服务器就是自己希望连接的服务器，可能会有其他服务器在冒充真正的服务器，即受到“中间人”方式的攻击。

基于密钥的安全验证：用户必须为自己创建一对密钥，并把公开密钥放在需要访问的服务器上。如果用户要连接到 SSH 服务器上，客户端软件就会向服务器发出请求，请求以用户密钥进行安全验证；服务器收到请求后，先在该服务器的用户根目录下寻找用户的公钥，然后将其与用户发送过来的公钥进行比较。如果两个密钥一致，服务器就会用公钥加密“质询”并将其发送给客户端软件。客户端收到“质询”后就可以使用用户私钥解密，然后将其发送给服务器。

SSH 协议是建立在应用层和传输层基础上的安全认证协议，主要由 SSH 传输层协议、SSH 用户认证协议和 SSH 连接协议三部分组成，共同实现 SSH 的安全保密机制。

1) SSH 传输层协议。

SSH 传输层协议是 SSH 协议提供安全功能的主要部分，它提供加密技术、密码主机认证及数据保密性和完整性保护等安全措施，此外它还提供数据压缩功能，以提高信息传送的速度。通常这些传输层协议主要建立在面向连接的 TCP 数据流之上，也可能建立在其他可靠的数据流上。SSH 协议中的认证是基于主机的，且不执行用户认证。当 SSH 协议建立用户和远程主机之间的 TCP / IP 协议连接时，双方首先要交换标识串(包含 SSH 协议和软件的版本号)，然后进行密钥交换。

2) SSH 用户认证协议。

SSH 用户认证协议用于实现服务器和客户端用户之间的身份认证，它运行在传输层协议之上。SSH 认证包括主机认证和用户认证两部分，可以使用口令认证、用户公钥认证和基于主机名字的认证方式。

主机认证可以基于预共享密钥和公钥算法，采用“质询 / 应答”的方式实现。最简单的方法是，用对方的公钥加密一个随机数据串，然后传送给对方。如果对方能正确解密，返回正确的随机数据串，则可以证明对方的身份。主机认证可采用基于预共享密钥的方式和基于证书的方式来实现。

用户认证是在主机认证的基础上实现的，如果没有主机认证，可能会发生以下情况：用户连接到虚假服务器，导致口令以及私有信息的泄露；用户的口令被窃取后，攻击者可以随便连接到 SSH 服务器上。用户认证可以是基于主机的，也可以是基于用户名的。基于主机的用户认证可以通过公钥算法来实现，基于用户名的用户认证可以采用系统口令的方式或利用用户的公钥来实现。

3) SSH 连接协议。

SSH 连接协议运行在用户认证协议之上，可将多个加密隧道分成逻辑通道，并提供交互式登录、远程命令执行、转发 TCP / IP 连接和 X.11 连接。

在安全的传输层连接建立之后，客户端将发送一个服务请求；在用户认证层连接建立之后，将发送第二个服务请求。这就允许新定义的协议可以与上述协议共存。SSH 连接协议提供用途广泛的各种通道，为设置安全的交互式 Shell 会话、传输任意的 TCP / IP 端口和建立 X.11 连接提供标准方法。

(2) 使用 SSH 建立安全通信。

SSH 最常见的应用就是取代传统的 Telnet、FTP 等网络应用程序，通过 SSH 登录到远程机器上执行用户希望执行的命令，主要用于解决口令在网上明文传输的问题。在不安全的网络通信环境中，它可提供很强的验证机制和安全的通信环境。为了系统安全和用户自身的权益，推广 SSH 是必要的。通过使用 SSH，用户可以把所有传输的数据进行加密，这样“中间人”这种攻击方式就不可能实现了，而且也能够防止 DNS 欺骗和 IP 欺骗。

WinSSHD(适用于 Windows 系统平台的 SSH 服务器)软件支持 SSH2、SFTP、

SCP 和端口转发。用户可在 Windows 系统中安装 WinSSHD，实现安全通信。WinSCP 是在 Windows 环境下使用 SSH 的图形化 SFTP 客户端软件，其主要功能是在本地与远程计算机间安全地复制文件。

3. SET 协议及应用

电子商务在为人们提供机遇和便利的同时，也面临着一个大的挑战，即交易的安全问题。在开放的网络中处理电子商务，保证买卖双方传输数据的安全已成为电子商务的重要任务。在网上购物的环境下，持卡人希望在交易中保护自己的账户信息，使之不被人盗用。商家则希望客户的订单不可抵赖。且在交易过程中，交易各方都希望验明其他方的身份，以防止被欺骗。为了满足电子交易不断增加的安全要求，由美国 Visa 和 MasterCard 两大信用卡组织联合国际上多家科技机构，共同制定了应用于 Internet 上以银行卡为基础进行在线交易的安全标准，这就是安全电子交易(Secure Electronic Transaction，SET)协议。

SET 协议为电子交易提供了许多保证安全的措施。它能保证电子交易的保密性(采用公钥加密和私钥加密相结合的办法保证数据的保密性)、数据完整性(采用 RSA 加密、数字签名和信息摘要技术保证信息的完整性)、交易各方身份的合法性和交易行为的不可否认性(采用 X.509 电子证书标准、数字签名、报文摘要和双重签名等技术确保商家和客户的身份认证和交易行为的不可否认性)。SET 协议设计的证书包括银行证书及发卡机构证书、支付网关证书和商家证书。

SET 协议主要使用电子认证技术，其认证过程使用 RSA 和 DES 算法，因此可以为电子商务提供很好的安全保护。SET 协议使用以对称和非对称加密技术为基础的数字信封技术、数字签名技术、信息摘要技术等保证数据传输和处理的安全性。

SET 在保留对客户信用卡认证的前提下，又增加了对商家身份的认证，这对于需要支付货币的交易来讲是至关重要的。由于设计合理，SET 协议得到了许多大公司和消费者的支持，已成为全球网络的工业标准，其交易形态将成为未来电子商务的规范。

由于 SET 规范是由信用卡发卡公司参与制定的，一般认为，SET 的认证系统是有效的。当一位供货商在计算机上收到一张有 SET 签证的订单时，供货商就可以确认该订单有一张合法的信用卡支持，这时他就能放心地接下这笔生意。同样，由于有 SET 作保障，发出订单的客户也会确认自己是在与一个诚实的供货商做买卖，因为该供货商受到 Visa 或 MasterCard 发卡组织的信赖。

SET 协议保证了在开放的网络中使用信用卡进行在线购物的安全，它具有保证交易数据的完整性、交易信息的机密性、交易的不可抵赖性和交易各方身份的合法性等优点，已成为公认的网上交易的国际标准。

4. Kerberos 协议及应用

Kerberos 是一种提供网络认证服务的系统，其设计目的是通过密钥系统为 Client / Server 应用程序提供强大的认证服务。该认证过程的实现不依赖于主机操作系统的认证，无须基于主机地址的信任，不要求网络上所有主机的物理安全，并假定网络上传送的数据包可以被任意地读取、修改和插入数据。

(1) Kerberos 协议。

Kerberos 协议是为 TCP / IP 网络系统设计的一种基于对称密钥密码体制的第三方认证协议。Kerberos 协议在许多系统中都得到广泛的应用，如 Kerberos 协议是 Windows2000 / 2003 / 2008 等操作系统的基础认证协议。Kerberos 协议得到了广泛的支持，这意味着 Windows Server 2008 域发出的票证可以在其他领域中使用，如运行 MacOS、NetWare、 UNIX、AIX、IRIX 等系统的网络。

Kerberos 协议定义了客户端和密钥分配中心(Key Distribution Center，KDC)的认证服务之间的安全交互过程。KDC 由认证服务器 AS 和票证授权服务器 TGS 两部分组成。 Kerberos 协议根据 KDC 的第三方服务中心来验证网络中计算机的身份，并建立密钥以保证计算机间安全连接。Kerberos 协议允许一台计算机通过交换加密消息在整个非安全网络上与另一台计算机互相证明身份。一旦身份得到验证，Kerberos 协议将会给这两台计算机提供密钥，以进行安全通信对话。Kerberos 协议可以认证试图登录上网的用户的身份，并通过使用密钥密码为用户间的通信进行加密。

Kerberos 协议以票证(ticket)系统为基础，票证是 KDC 发出的一些加密数据包，它可标识用户的身份及其网络访问权限。每个 KDC 负责一个领域(realm)的票证发放。KDC 类似于发卡机构，“票证”类似通行“护照”，它带有安全信息。在 Windows 系统中，每个域也是一个 Kerberos 领域，每个 Active Directory 域控制器(DC)就是一个 KDC。执行基于 Kerberos 的事务时，用户将透明地向 KDC 发送票证请求。KDC 将访问数据库以验证用户的身份，然后返回授予用户访问其他计算机的权限的票证。

Windows 系统中采用多种措施提供对 Kerberos 协议的支持，在系统的每个域控制器中都应用了 KDC 认证服务。Windows 系统中应用了 Kerberos 协议的扩展，除共享密钥外，还支持基于公开密钥密码的身份认证机制。Kerberos 公钥认证的扩展允许客户端在请求一个初始 TGT(TGT 称为票据授权票证，是一个 KDC 发给验证用户的资格证)时使用私钥，而 KDC 则使用公钥来验证请求，该公钥是从存储在活动目录中用户对象的 X.509 证书中获取的。用户的证书可以由权威的第三方发放，也可以由 Windows 系统中的微软证书服务器产生。初始认证以后，就可以使用标准的 Kerberos 来获取会话票证，并连接到相应的网络服务。

(2) Kerberos 协议应用。

Kerberos 协议允许网络上的通信实体互相证明彼此的身份，并且能够阻止窃听和重放等攻击。此外，它还能够提供对通信数据保密性和完整性的保护。

当用户首次登录 Windows 时，Kerberos 安全服务提供者(Security Support Provider，SSP)利用基于用户口令的加密散列获取一个初始 Kerberos 票证 TGT。Windows 系统把 TGT 存储在与用户登录上下文相关的工作站的票证缓存中。当客户端想要使用网络服务时，Kerberos 首先检查票证缓存中是否有该服务器的有效会话票证。如果没有，则向 KDC 发送 TGT 请求一个会话票证，以便服务器提供服务。请求的会话票证也存储在票证缓存中，以用于后续对同一个服务器的连接，直到票证超期为止。如果在会话过程中票证超期，Kerberos SSP 将返回一个响应的错误值，允许客户端和服务器刷新票证，产生一个新的会话密钥，并恢复连接。在初始连接消息中，Kerberos 把会话票证提交给远程服务，会话票证中的一部分使用了服务和 KDC 共享的密钥进行加密。因为服务器端的 Kerberos 有服务器密钥的缓存备份，所以服务器不需要到 KDC 进行认证，而直接可以通过验证会话票证来认证客户端。在服务器端，采用 Kerberos 认证系统的会话建立速度要比 NTLM 认证快得多。因为使用 NTLM 在服务器获取用户的信任书后，还要与域控制器建立连接，对用户进行重新认证。

在 Windows 系统中，KDC 通常安装在 Active Directory 服务器上。它们不会按照应用程序进程进行连接，而是作为单独的服务进程运行。但由于 KDC 总是安装在 DC 上，所以可通过查找 DC 的主机地址来解析 KDC 域名。

Kerberos 验证分为初始验证和后续验证两个阶段。

1) 初始验证。

客户机(用户或 NFS 服务)通过从 KDC 请求 TGT 开始 Kerberos 会话。此请求通常在登录时自动完成。TGT 可标识用户的身份并允许用户获取多个“签证”，此处的“签证”(票证)用于远程计算机或网络服务。TGT 与其他各种票证一样也具有有限的生命周期，区别在于基于 Kerberos 的命令会通知用户拥有护照并为用户取得签证，而用户不必亲自执行该事务。

KDC 可创建 TGT，并采用加密形式将其发送回客户机，客户机使用其口令来解密 TGT。客户机在拥有有效的 TGT 后，只要该 TGT 未到期，便可以请求所有类型网络操作(如 rlogin 或 telnet)的票证。每次客户机执行唯一的网络操作时，都将从 KDC 请求该操作的票证。

2) 后续验证。

客户机先通过向 KDC 发送其 TGT 作为其身份证明，从 KDC 请求特定服务(如远程登录到另一台计算机)的票证；KDC 再将该特定服务的票证发送到客户机；最后客户机将票证发送到服务器。使用 NFS 服务时，NFS 客户机会自动透明地将

NFS 服务的票证发送到 NFS 服务器。Kerberos 的认证过程如下。

① 客户机向认证服务器(AS)发送请求，要求得到某服务器的证书；

② AS 的响应包含这些用客户端密钥加密的证书(证书主要由服务器 ticket 和一个临时加密密钥——会话密钥构成)；

③ 客户机将 ticket(包括由服务器密钥加密的客户机身份和一份会话密钥的备份)传送到服务器上。

会话密钥可用来认证客户机或认证服务器，也可用来为通信双方以后的通信提供加密暇务，或通过交换独立的子会话密钥为通信双方提供进一步的通信加密服务。

(3) Kerberos 的安装设置。

Kerberos 可用来为网络上的各种 server 提供认证服务，使得口令不再以明文方式在网络上传输。这里介绍在 LinuxRedhat8.0 环境下使用 Kerberos 提供的 Ktelnetd、Krlogind 和 Krshd 替代传统的 telnetd、rlogind 和 rshd 服务。

安装 Kerberos 的硬件环境为一台 i386 机器，安装软件包为 krb5-server-1.2.5-6、krb5-workstatiow-1.2.5-6 和 krb5-libs-1.2.5-6。

Rpm-ivhkrb5-fibs-1.2.5-6.i386.rpm

Rpm-ivhkrb5-server-1.2.5-6.i386.rpm

Rpm-iVhkrb5-workstation-1.2.5-6.i386.rpm

上述要求满足后，就可以先配置 KDC 服务器，然后再配置 Ktelnetd、Krlogind 和 Krsh 眼务器，最后可以使用 krb5-workstation 提供的 telnet、rlogin 和 rsh 来登录这些服务。安装步骤如下。

1) 生成 Kerberos 的本地数据库。

kdb5_utilcreate-rEXAMPLE.COM-s

该命令用来生成 Kerberos 的本地数据库，包括 principal、principal.OK 和 principal.kadm5 文件。principal.kadm5.10ck.-r 指定 realm，例如 EXAMPLE.COM。

2) 生成账号。

Kerberos 用 principal 来表示 realm 下的一个账户，表示为 primary / instance@realm。例如，username / 80.191.89.92@EXAMPLE.COM，这里假设 80.191.89.92 是客户机的 IP 地址。

在数据库中加入管理员账户。

/ usr / Kerberos / sbin / kadmin.local

kadmin.local：addprincadmin / admin@EXAMPLE.COM

在数据库中加入用户的账号。

kadmin.local：addprincusername / 80.191.89.92@EXAMPLE.COM

在数据库中加入 Ktelnetd、Krlogind 和 Krshd 公用的账号。

kadmin.local：addprinc-randkeyhost / 80.191.89.92@EXAMPLE.COM

3) 检查语句。

检查 / var / Kerberos / krb5kdc / kadm5.keytab 是否有如下语句：

* / admin@EXAMPLE.COM*

如果没有，添加上即可。

4) 修改 / etc / krh5.conf 文件。

修改所有的 tealm 为 EXAMPLE.COM，并且加入如下语句：

kdc=80.191.89.92：88

admin_server=80 191.89.92：749

5) 在 / etc / krh.conf 中加入语句。

EXAMPLE.COM

EXAMPLE COM80.191.89.92：88

EXAMPLE.COM80.191.89.92：749adminserver

6) 启动 KDC 服务器和 Ktelnetd，Krlogind，Krshd。

/etc/init.d/krb5kdcrestart

Chkconfigkloqinon

Chkconfigkshellon

Chkconfigekloginon

chkconfigkrb5-telneton

/ etc / init.d / xinetdrestart

7) 制作本地缓存。

将 username / 80.191.89.92@EXAMPLE.COM 的 credentials 取到本地作为 cache，这样以后就可以不用重复输入 password 了。

kinitusername / 80.191.89.92

如果顺利，在 / trap 下会生成文件 krb5*。这一步如果不通，那么就必须检查以上步骤是否有错。可以用 klist 命令查看 credential。

8) 导出用户密钥。

eXPorthost / 80.191.89.92@EXAMPLE.COM 的 key 到 / etc / krb5.keytab，Ktelnetd、Krlogind 和 Krshd 需要 / etc / krb5.keytab 来验证 username / 80.191.89.92 的身份。

kadmin.10cal：ktadd—k / etc / krb5.keytabhost / 80.191.89.92

9) 修改～ / .k5login 文件。

在其中加入 username / 80.191.89.92@EXAMPLE.COM，表示允许 username

/ 80.191.89.92@EXAMPLE.COM 登录该账户。

catusername / 80.191.89.92@EXAMPLE.COM>>～ / .k5login

10) 测试 Kerberos 客户端。

krsh80.191.89.92-kEXAMPLE.COM

krlogin80.191.89.92-kEXAMPLE.COM

rlogin80.191.89.92-kEXAMPLE COM

rsh80.191.89 92-kEXAMPLE.COM

telnet-x80.191 89 92-kEXAMPLE.COM

5. IPSec 协议及应用

(1) IPSec 协议。

IP 安全(IP Security，IPSec)协议是网络安全协议的一个工业标准，也是目前 TCP / IP 网络的安全化协议标准。IPSec 最主要的功能是为 IP 通信提供加密和认证，为 IP 网络通信提供透明的安全服务，保护 TCP / IP 通信免遭窃听和篡改，有效抵御网络攻击，同时保持其易用性。

IPSec 的目标是为 IP 提供可互操作的、高质量的、基于密码学的一整套安全服务，其中包括访问控制、无连接完整性、数据源验证、抗重放攻击、机密性和有限的流量保密。这些服务都在 IP 层提供，可以为 IP 和其上层协议提供保护。

IPSec 协议不是一个单独的协议，它由一系列协议组成，包括网络认证协议 AH(也称认证报头)、封装安全载荷协议 ESP、密钥管理协议 IKE 和用于网络认证及加密的一些算法等。其中 AH 协议定义了认证的应用方法，提供数据源认证和完整性保证；ESP 协议定义了加密和可选认证的应用方法，提供可靠性保证。在实际进行 IP 通信时，可以根据实际的安全需求同时使用这两种协议或选择使用其中的一种。AH 和 ESP 都可以提供认证服务，但是 AH 提供的认证服务要强于 ESP。IPSec 规定了如何在对等层之间选择安全协议、确定安全算法和密钥交换，向上层提供访问控制、数据源认证、数据加密等网络安全服务。IPSec 可应用于虚拟专用网络(VPN)、应用级安全以及路由安全三个不同的领域，但目前主要用于 VPN。

IPSec 既可以作为一个完整的 VPN 方案，也可以与其他协议配合使用，如 PPTP 和 L2TP。它工作在 IP 层(网络层)，为 IP 层提供安全性，并可为上一层应用提供一个安全的网络连接，以及基于一种端到端的安全模式。由于所有支持 TCP / IP 协议的主机在进行通信时，都要经过 IP 层的处理，所以提供了 IP 层的安全性就相当于为整个网络提供了安全通信的基础。鉴于 IPv4 的应用仍然很广泛，所以后来在 IPSec 的制定中也增加了对 IPv4 的支持。

IPSec 可用于 IPv4 和 IPv6 环境。它有两种工作模式：一种是隧道模式，另一种是传输模式。在隧道模式中，整个 IP 数据包被加密或认证，成为一个新的更大的 IP 包的数据部分，该 IP 包有新的 IP 报头，还增加了 IPSec 报头。在传输模式中，只对 IP 数据包的有效负载进行加密或认证，此时继续使用原始 IP 头部。隧道模式主要用在网关和代理上，IPSec 服务由中间系统实现，端结点并不知道使用了 IPSec。在传输模式中，两个端结点必须都实现 IPSec，而中间系统不对数据包进行任何 IPSec 处理。

通信双方如果要用 IPSec 建立一条安全的传输通道，需要事先协商好将要采用的安全策略，包括加密机制和完整性验证机制及其使用的算法、密钥、生成期限等。一旦发收双方协商好使用的安全策略，即可认为双方(两台计算机)之间建立了一个安全关联(Security Association，SA)。

IETF 已经建立了一个安全关联和密钥交换方案的标准方法，它将 Internet 安全关联和密钥管理协议(ISAKMP)以及 Oakley 密钥生成协议进行了合并。ISAKMP 集中了安全关联管理，减少了连接时间。Oakley 生成并管理用来保护信息的身份验证密钥。为保证通信的成功和安全，ISAKMP / Oakley 执行密钥交换和数据保护两个阶段的操作。通过使用在两台计算机上协商并达成一致的加密和身份验证算法来保证机密性和身份验证。

(2) IPSec 中加密与完整性验证。

IPSec 可对数据进行加密和完整性验证。其中，AH 协议只能用于对数据包的包头进行完整性验证，而 ESP 协议可用于对数据的加密和完整性进行验证。

IPSec 的认证机制使 IP 通信的数据接收方能够确认数据发送方的真实身份以及数据在传输的过程中是否遭到篡改。IPSec 的加密机制通过对数据进行编码来保证数据的机密性，以防数据在传输过程中被窃听。为了进行加密和认证，IPSec 还需要有密钥的管理和交换功能，以便为加密和认证提供所需要的密钥并对密钥的使用进行管理。以上三方面的工作分别由 AH、ESP 和 IKE 三个协议规定。

1) 安全关联 SA。

IPSec 中一个重要的概念就是安全关联 SA。所谓安全关联是指安全服务与它服务的载体之间的一个“连接”，即是能为双方之间的数据传输提供某种 IPSec 安全保障的一个简单连接。SA 可以看成是两个 IPSec 对等端之间的一条安全隧道。SA 是策略和密钥的结合，它定义用来保护端到端通信的常规安全服务、机制和密钥。SA 可由 AH 或 ESP 提供，当给定了一个 SA 时，就确定了 IPSec 要执行的处理。

在 SA 中，两台计算机在如何交换和保护信息方面达成一致，可为不同类型的流量创建独立的 SA，而一台计算机与多台计算机同时进行安全通信时可能存在多种关联，这种情况经常发生在当计算机用作文件服务器或向多个客户提供服务的远程访问服务器的时候。一台计算机也可以与另一台计算机有多个 SA，例如在两台主机之间为 TCP 建立独立的 SA，并在同样的两台主机之间建立另一条支持

UDP 的 SA，甚至可以为每个 TCP 或 UDP 端口建立分离的 SA。

2) 认证协议 AH。

IPSec 认证协议(AH)为整个数据包提供身份认证、数据完整性验证和抗重放服务。AH 通过一个只有密钥持有人才知道的"数字签名"来对用户进行认证。这个签名是数据包通过特别的算法得出的独特结果。AH 还能维持数据的完整性，因为在传输过程中无论多小的变化被加载，数据包头的数字签名都能把它检测出来。两个最常用的 AH 标准是 MD5 和 SHA-1，MD5 使用最多达 128 位的密钥，而 SHA-1 通过最多达 160 位的密钥提供更强的保护。重放攻击是通过采用单调递增序列号来预防的。

AH 协议为 IP 通信提供数据源认证和数据完整性验证，它能保护通信免受篡改，但并不加密传输内容，不能防止窃听。AH 联合数据完整性保护并在发送接收端使用共享密钥来保证身份的真实性。使用 Hash 算法在每一个数据包上添加一个身份验证报头来实现数据完整性验证。验证过程中需要预约好收发两端的 Hash 算法和共享密钥。

为了建立 IPSec 通信，两台主机在 SA 协定之前必须互相认证。有 Kerberos、PKI 和预共享密钥三种认证方法。Kerberos 能在域内进行安全协议认证，使用时，它既对用户的身份也对网络服务进行验证。公钥证书(PKI)用来对非受信域的成员、非 Windows 客户或没有运行 Kerberos V5 认证协议的计算机进行认证，认证证书由一个证书机关系统签署。在预先共享密钥认证中，网络系统必须认同在 IPSec 策略中使用的一个共享密钥，使用预先共享密钥仅在证书和 Kerberos 无法配置的场合。

3) 封装安全载荷协议 ESP。

封装安全载荷协议(ESP)通过对数据包的全部数据和加载内容进行加密来保证传输信息的机密性，这样可以避免其他用户通过监听打开信息交换的内容，因为只有受信任的用户才拥有密钥可以打开内容。此外，ESP 也能提供身份认证、数据完整性验证和防止重发。在隧道模式中，整个 IP 数据报都在 ESP 负载中进行封装和加密。该过程完成以后，真正的 IP 源地址和目的地址都可以被隐藏为 Internet 发送的普通数据。这种模式的一种典型用法就是在防火墙与防火墙之间通过 VPN 的连接进行主机或拓扑隐藏。在传输模式中，只有更高层协议帧(TCP、UDP、ICMP 等)被放到加密后的 IP 数据报的 ESP 负载部分。在这种模式中，IP 源地址和目的地址以及所有的 IP 包头域都是不加密发送的。

ESP 主要使用 DES 或 3DES 加密算法为数据包提供机密性。ESP 报头提供集成功能和 IP 数据的可靠性。集成功能保证了数据没有被黑客恶意破坏，可靠性保证使用密码技术的安全。对 IPv4 和 IPv6，ESP 报头都列在其他 IP 报头的后面。ESP 编码只有在不被任何 IP 报头扰乱的情况下才能正确地发送包。

第 4 章　网络数据库与数据安全

在当今信息时代，几乎所有企事业单位的核心业务处理都依赖于计算机网络系统。在计算机网络系统中最为宝贵的就是数据。

数据在计算机网络中具有两种状态，即存储状态和传输状态。当数据在网络系统数据库中保存时，处于存储状态；而在与其他用户或系统交换时，数据处于传输状态。无论是数据处于存储状态还是传输状态，都可能会受到安全威胁。要保证企事业单位的业务能够持续成功地运作，就要保护数据库系统中的数据安全。

4.1　网络数据库安全概述

保证网络系统中数据安全的主要任务就是使数据免受各种因素的影响，保护数据的完整性、保密性和可用性。

人为的错误、硬盘的损毁、计算机病毒、自然灾难等都有可能造成数据库中数据的丢失，给企事业单位造成无可估量的损失。如果丢失了系统文件、客户资料、技术文档、人事档案、财务账目等文件，企事业单位的业务将难以正常进行。因此，企事业单位管理者应采取有效的数据库保护措施，使得灾难发生后，能够尽快地恢复系统中的数据，进而恢复系统的正常运行。

为了保护数据安全，可以采用很多安全技术和措施。这些技术和措施主要有数据完整性技术、数据备份和恢复技术、数据加密技术、访问控制技术、用户管理和身份验证技术等。

4.1.1 数据库安全的概念

数据库安全是指数据库的任何部分都不允许受到侵害，或未经授权的存取和修改。数据库安全性问题一直是数据库管理员所关心的问题。

1. 数据库安全

数据库就是一种结构化的数据仓库。人们时刻都在和数据打交道。对于少量、简单的数据，如果与其他数据之间的关联较少或没有关联，则可将它们简单地存放在文件中。普通记录文件没有系统结构来系统地反映数据间的复杂关系，它也不能强制定义个别数据对象。但是企事业单位的数据都是相关联的，不可能使用普通的记录文件来管理大量的、复杂的系列数据，例如银行的客户数据或生产厂商的生产控制数据等。

数据库安全主要包括数据库系统的安全和数据库数据的安全两层含义。

(1) 第一层含义是数据库系统的安全。

数据库系统安全是指在系统级控制数据库的存取和使用的机制，应尽可能地堵住潜在的各种漏洞，防止非法用户利用这些漏洞侵入数据库系统。保证数据库系统不因软硬件故障及灾害的影响而使系统不能正常运行。数据库系统安全包括：

1) 硬件运行安全。
2) 物理控制安全。
3) 操作系统安全。
4) 用户有可连接数据库的授权。
5) 灾害、故障恢复。

(2) 第二层含义是数据库数据的安全。

数据库数据安全是指在对象级控制数据库的存取和使用的机制，规定哪些用户可存取指定的模式对象及在对象上允许有哪些操作。数据库数据安全包括：

1) 有效的用户名 / 口令鉴别。
2) 用户访问权限控制。
3) 数据存取权限、方式控制。
4) 审计跟踪。
5) 数据加密。
6) 防止电磁信息泄露。

数据库数据的安全措施应能确保在数据库系统关闭后，当数据库数据存储媒体被破坏或当数据库用户误操作时，数据库数据信息不会丢失。对于数据库数据的安全问题，数据库管理员可以采用系统双机热备份、数据库的备份和恢复、数据加密、访问控制等措施。

2．数据库安全管理原则

一个强大的数据库安全系统应当确保其中信息的安全性，并对其进行有效的管理控制。下面几项数据库管理原则有助于企事业单位在安全规划中实现对数据库的安全保护。

(1) 管理细分和委派原则。

在数据库工作环境中，数据库管理员(DBA)一般都是独立执行数据库的管理和其他事务工作，一旦出现岗位变换，将带来一连串的问题。通过管理责任细分和任务委派，DBA 可从常规事务中解脱出来，更多地关注于解决数据库的执行效率及管理方面的重要问题，从而保证任务的高效完成。企事业单位应设法通过功能和可信赖的用户群进一步细分数据库管理的责任和角色。

(2) 最小权限原则。

单位必须本着最小权限原则，从需求和工作职能两方面严格限制对数据库的访问。通过角色的合理运用，最小权限可确保数据库功能限制和特定数据的访问。

(3) 账号安全原则。

对于每一个数据库连接来说，用户账号都是必须设立的。账号的设立应遵循传统的用户账号的管理方法来进行安全管理，这包括密码的设定和更改、账号锁定、对数据提供有限的访问权限、禁止休眠状态的账户、设定账户的生命周期等。

(4) 有效审计原则。

数据库审计是数据库安全的基本要求，它可用来监视各用户对数据库实施的操作。单位应根据自己的应用和数据库活动定义审计策略。条件允许的地方可采取智能审计，这样不仅能节约时间，而且能减少执行审计的范围和对象。通过智能限制日志大小，还能突出更加关键的安全事件。

4.1.2 数据库安全面临的威胁

大多数企事业单位及政府部门的电子数据都保存在各种数据库中。他们用这些数据库保存一些敏感信息，例如员工工资、医疗记录、员工个人资料等。数据库服务器还掌握着敏感的金融数据，包括交易记录、商业事务和账号数据，以及战略上的或者专业的信息，如专利和工程数据，甚至市场计划等应该保护起来防止竞争者和其他非法者获取的资料。

1．数据库的安全漏洞和缺陷

常见的数据库的安全漏洞和缺陷有以下几种。

(1) 数据库应用程序通常都同操作系统的最高管理员密切相关。如 Oracle、Sybase 和 SQL Server 数据库系统都涉及用户账号和密码、认证系统、授权模块和数据对象的许可控制、内置命令(存储过程)、特定的脚本和程序语言、中间件、网络协议、补丁和服务包、数据库管理和开发工具等。许多 DBA 都把全部精力投入到管理这些复杂的系统中。安全漏洞和不当的配置通常会造成严重的后果，且都难以被发现。

(2) 人们对数据库安全的忽视。人们认为只要把网络和操作系统的安全做好了，所有的应用程序也就安全了。但现在的数据库系统会有很多方面被误用或者存在漏洞影响到安全。而且常用的关系型数据库都是“端口”型的，这就表示任何人都有可能绕过操作系统的安全机制，利用分析工具连接到数据库上。

(3) 部分数据库机制威胁网络低层安全。如某公司的数据库中保存着所有的技术文档、手册和白皮书，但却不重视数据库的安全性。这样，即使运行在一个非常安全的操作系统上，入侵者也很容易通过数据库获得操作系统权限。这些存储过程能提供一些执行操作系统命令的接口，而且能访问所有的系统资源。如果该数据库服务器还同其他服务器建立信任关系，那么，入侵者就能够对整个域产生严重的安全威胁。因此，少数数据库的安全漏洞不仅威胁数据库的安全，也威胁到操作系统和其他可信任系统的安全。

(4) 安全特性缺陷。大多数关系型数据库已经存在很多年了，都是成熟的产品。但 IT 业界和安全专家对网络和操作系统要求的许多安全特性在多数关系数据库上还没有被使用。

(5) 数据库密码容易泄露。多数数据库提供的基本安全特性，都没有相应的机制来限制用户必须选择健壮的密码。许多系统密码都能给入侵者完全访问数据库的机会，更有甚者，有些密码就储存在操作系统的普通文本文件中。

(6) 操作系统后门。多数数据库系统都会有一些特性，来满足数据库管理员的需要，这些特性也成为数据库主机操作系统的后门。

(7) 木马的威胁。著名的木马病毒能够在密码改变存储过程时修改密码，并能告知入侵者。例如添加几行信息到 sp-password 中，记录新账号到库表中，通过 E-mail 发送这个密码，或者写到文件中以后使用等。

2．对数据库的威胁形式

对数据库构成的威胁主要有篡改、损坏和窃取三种表现形式。

(1) 篡改。所谓篡改，是指对数据库中的数据未经授权进行的修改，使其失去原来的真实性。篡改的形式具有多样性，但有一点是明确的，就是在造成影响之前很难被发现。篡改是由于人为因素而产生的。一般来说，发生这种人为威胁的原因主要有个人利益驱动、隐藏证据、恶作剧和无知等。

(2) 损坏。网络系统中数据的损坏是数据库安全性所面临的威胁之一。其表现形式为：表和整个数据库部分或全部被删除、移走或破坏。产生这种威胁的原因主要有破坏、恶作剧和病毒。破坏往往都带有明确的作案动机，恶作剧者往往是出于兴趣或好奇而给数据造成损坏，计算机病毒不仅对系统文件进行破坏，也对数据文件进行破坏。

(3) 窃取。窃取一般是对敏感数据进行的。窃取的手法除了将数据复制到软盘之类的可移动介质上外，也可以把数据打印后取走。导致窃取威胁的因素有工商业间谍、不满和要离开的员工、被窃的数据可能比想象中的更有价值等。

3．数据库安全的威胁来源

数据库安全的威胁主要来自以下几个方面。

(1) 物理和环境的因素。如物理设备的损坏，设备的机械和电气故障，火灾、水灾，以及丢失磁盘磁带等。

(2) 事务内部故障。数据库“事务”是数据操作的并发控制单位，是一个不可分割的操作序列。数据库事务内部的故障多发生于数据的不一致性，主要表现有丢失修改、不能重复读、无用数据的读出。

(3) 系统故障。系统故障又称软故障，是指系统突然停止运行时造成的数据库故障。这些故障不破坏数据库，但影响正在运行的所有事务，因为缓冲区中的内容会全部丢失，运行的事务非正常终止，从而造成数据库处于一种不正确的状态。

(4) 介质故障。介质故障又称硬故障，主要指外存储器故障。如磁盘磁头碰撞，瞬时的强磁场干扰等。这类故障会破坏数据库或部分数据库，并影响正在使用数据库的所有事务。

(5) 并发事件。在数据库实现多用户共享数据时，可能由于多个用户同时对一组数据的不同访问而使数据出现不一致的现象。

(6) 人为破坏。某些人为了某种目的故意破坏数据库。

(7) 病毒与黑客。病毒可破坏网络中的数据，使计算机处于不正确或瘫痪的状态；黑客是一些精通计算机网络和软、硬件的计算机操作者，他们往往利用非法手段取得相关授权，非法地读取甚至修改其他网络数据。黑客的攻击和系统病毒发作可造成对数据保密性和数据完整性的破坏。

此外，数据库系统威胁还有未经授权非法访问或非法修改数据库的信息，窃取数据库数据或使数据失去真实性；对数据不正确的访问，引起数据库中数据的错误；网络及数据库的安全级别不能满足应用的要求；网络和数据库的设置错误和管理混乱造成越权访问和越权使用数据。

4.2 网络数据库的安全特性和策略

为了保证数据库数据的安全可靠和正确有效，DBMS(数据库管理系统)必须提供统一的数据保护功能。数据保护也称为数据控制，主要包括数据库的安全性、完整性、并发控制和恢复。下面以多用户数据库系统 Oracle 为例，阐述数据库的安全特性。

4.2.1 数据库的安全特性

数据库安全是指保护数据库以防止不合法的使用所造成的数据泄露、更改或破坏。在数据库系统中有大量的网络系统数据集中存放，为许多用户所共享，这样就使安全问题更为突出。在一般的网络系统中，安全措施是逐级设置的。

1．数据库的存取控制

数据库系统可提供数据存取控制来实施数据保护。

(1) 数据库的安全机制。

多用户数据库系统(如 Oracle)提供的安全机制可做到：

1) 防止非授权的数据库存取。

2) 防止非授权的对模式对象的存取。

3) 控制磁盘使用。

4) 控制系统资源使用。

5) 审计用户动作。

在 Oracle 服务器上提供了一种任意存取控制，这是一种基于特权限制信息存取的方法。用户要存取某一对象必须有相应的特权授予该用户。已授权的用户可任意地将它授权给其他用户。

Oracle 保护信息的方法是采用任意存取控制来控制全部用户对命名对象的存取。用户对对象的存取受特权控制，一种特权是存取一个命名对象的许可，为一种规定格式。

(2) 模式和用户机制。

Oracle 使用多种不同的机制来管理数据库的安全性，其中有模式和用户两种机制。

1) 模式机制：模式为模式对象的集合，模式对象如表、视图、过程和包等。

2) 用户机制：每一个 Oracle 数据库都有一组合法的用户，可运行一个数据库应用和使用该用户连接到定义该用户的数据库。当建立一个数据库用户时，对该用户建立一个相应的模式，模式名与用户名相同。一旦用户连接一个数据库，该用户就可存取相应模式中的全部对象，一个用户仅与同名的模式相联系，所以用户和模式是类似的。

2．特权和角色

(1) 特权。

特权是执行一种特殊类型的 SQL 语句或存取另一用户对象的权力，有系统特权和对象特权两类特权。

1) 系统特权：系统特权是执行一种特殊动作或者在对象类型上执行一种特殊动作的权力。系统特权可授权给用户或角色。系统可将授予用户的系统特权授给其他用户或角色。同样，系统也可从那些被授权的用户或角色处收回系统特权。

2) 对象特权：对象特权是指在表、视图、序列、过程、函数或包上执行特殊动作的权力。对于不同类型的对象，有不同类型的对象特权。

(2) 角色。

角色是相关特权的命名组。数据库系统利用角色可以更容易地进行特权管理。建立角色通常有两个目的：一是为数据库应用管理特权，二是为用户组管理特权。

1) 角色管理的优点。

① 减少特权管理。

② 动态特权管理。

③ 特权的选择可用性。

④ 应用可知性。

⑤ 专门的应用安全性。

2) 数据库角色的功能。

① 一个角色可被授予系统特权或对象特权。

② 一个角色可授权给其他角色，但不能循环授权。

③ 任何角色可授权给任何数据库用户。

④ 授权给一个用户的每一角色可以是可用的，也可是不可用的。

⑤ 一个间接授权角色(授权给另一角色的角色)对一个用户可明确其可用或不可用。

⑥ 在一个数据库中，每一个角色名都是唯一的。

4.2.2 网络数据库的安全策略

为保证网络数据库的安全，在保证网络操作系统和数据库服务器系统安全的基础上，还要采取如下安全策略。

1．用户身份验证访问控制

用户身份验证是保护数据库安全的第一道安全保护闸门。授权用户进入数据库系统时需要进行身份验证，防止非授权用户进入数据库对数据信息进行破坏、盗取等。目前使用最多的身份验证方法是设置用户名和密码，随着各种新技术的出现，更高级别的验证方法也在逐步应用，如智能 IC 卡、指纹识别等。

访问控制是指对已经进入系统的用户进行访问权限的控制，可防止系统安全漏洞。访问控制限定数据库中的数据能被哪些用户访问，同一数据对象分配不同用户不同的访问方式，如查询和增、删、改等。

2．数据库审计

对数据库系统的操作审计是记录、检查和回顾对数据库系统进行所有相关操作的行为，是保证数据库安全的补救措施。审计的主要任务是对用户及应用程序使用系统资源(包括软硬件或数据)的情况进行记录和审查，一旦出现问题，审计人员可以通过审计跟踪找出问题的所在，追查相关责任人，防止问题再度发生。

审计过程不可省略，审计记录应该得到保护且不能轻易更改。

数据库系统的审计工作主要是审查系统资源的安全策略、安全保护措施和故障恢复计划等，对系统的各种操作如访问、查询和修改，尤其是对敏感操作进行记录、分析，对发生的攻击性操作和可能危害系统安全的事件进行检测和审计。审计主要有语句审计、特权审计、模式对象审计和资源审计等。

对于数据库系统，数据的使用、记录和审计是同时进行的。审计的主要任务是对应用程序或用户使用数据库资源的情况进行记录和审查，一旦出现问题，审计人员可以对审计事件记录进行分析，查出原因。

安全系统的审计过程是记录、检查和回顾系统安全相关行为的过程。通过对审计记录的分析，可以明确责任个体，追查违反安全策略的违规行为。审计过程不可省略，审计记录也不可更改或删除。

由于审计行为将影响 DBMS 的存取速度和反馈时间，因此，必须综合考虑安全性与系统性能，需要提供配置审计事件的机制，以允许 DBA 根据具体系统的安全性和性能需求做出选择。这些可由多种方法实现，如扩充、打开 / 关闭审计的 SQL 语句，或使用审计掩码等。

数据库审计有用户审计和系统审计两种方式。

(1) 用户审计。进行用户审计时，DBMS 的审计系统会记录下所有对表和视图进行访问的目的，以及每次操作的用户名、时间、操作代码等信息。这些信息一般都被记录在数据字典中，利用这些信息可进行审计分析。

(2) 系统审计。系统审计由系统管理员执行，其审计内容主要是系统一级命令及数据库客体的使用情况。

数据库系统的审计工作主要包括设备安全审计、操作审计、应用审计和攻击审计等方面。设备安全审计主要审查系统资源的安全策略、安全保护措施和故障恢复计划等；操作审计可对系统的各种操作进行记录和分析；应用审计可审计建立于数据库上整个应用系统的功能、控制逻辑和数据流是否正确；攻击审计可对已发生的攻击性操作和危害系统安全的事件进行检查和审计。

3．数据库恢复

当人们使用数据库时，总希望数据库的内容是可靠的、正确的。但由于网络系统的故障(硬件故障、软件故障、网络故障、进程故障和系统故障等)会影响数据库系统的操作以及数据库中数据的正确性，甚至破坏数据库，使数据库中全部或部分数据丢失，因此在发生上述故障后，希望能尽快恢复到原数据库状态或重新建立一个完整的数据库，这就是数据库恢复。具体的恢复处理随所发生的故障类型及所影响的情况和结果而变化。

(1) 操作系统备份。

不管为Oracle数据库设计成什么样的恢复模式，数据库中的数据文件、日志文件和控制文件的操作系统备份都是绝对需要的，它是保护介质故障的策略。操作系统备份有完全备份和部分备份两种方式。

1) 完全备份。一个完全备份将构成Oracle数据库的全部数据库文件、在线日志文件和控制文件的一个操作系统备份。完全备份要在数据库正常关闭之后进行，不能在发生故障后数据库打开的状态下进行。由完全备份得到的数据文件在任何类型的介质恢复模式中都是有用的。

2) 部分备份。部分备份是除完全备份外的任何操作系统备份，可在数据库打开或关闭的状态下进行。如单个表空间中全部数据文件的备份、单个数据文件的备份和控制文件的备份。部分备份仅对在归档日志方式下运行的数据库有用，数据文件可由部分备份恢复，在恢复过程中与数据库中的其他部分一致。

通过正规备份，并且快速地将备份介质运送到安全的地方，数据库就能够在大多数的灾难中得到恢复。由于不可预知的物理灾难，一个完全的数据库恢复可以使数据库映像恢复到尽可能接近灾难发生时间点的状态。对于逻辑灾难，如人为破坏或应用故障，数据库映像应该恢复到错误发生前的那一点。

在一个数据库的完全恢复过程中，基点后所有日志中的事务被重新应用，所以结果就是一个数据库映像反映所有在灾难前已接受的事务，而没有被接受的事务则不被反映。数据库恢复可以恢复到错误发生前的最后一个时刻。

(2) 介质故障的恢复。

介质故障是当一个文件、文件的一部分或一块磁盘不能读时出现的故障。介质故障的恢复有以下两种形式，采取哪种方式，取决于数据库运行的归档方式。

1) 如果数据库是可运行的，但其在线日志仅可重用而不能归档，此时介质恢复可使用完全备份的简单恢复。

2) 如果数据库可运行且其在线日志是可归档的，则该介质故障的恢复是一个实际恢复过程，重构受损的数据库，恢复到介质故障前的一个指定事务状态。

不管哪种方式，介质故障的恢复总是将整个数据库恢复到故障前的一个事务状态。

4．数据加密处理

数据加密是将数据库中的数据按特定的加密算法变换成密文数据，是防止数据泄露的有效手段。数据库中的数据加密不同于传统的加密技术。传统的加密是以报文为单位，加密解密都按顺序从头至尾进行。而如果数据库中的数据加密可以对数据库中的敏感、重要数据(如公司的财务数据、军事数据、国家机密以及个人隐私等)进行加密，网络数据库则一般采用公开密钥的加密算法，这样可以经受来自操作系统和DBMS的攻击。

4.3　网络数据库用户管理

用户管理是网络数据库管理的常用要求之一，连接到数据库的每一个用户都必须是系统的合法用户。用户要想使用网络数据库的管理系统，必须要拥有相应的权限，创建用户并授予权限是 DBA 的常用任务之一。下面以 Oracle 数据库系统为例，阐述网络数据库的用户管理。

4.3.1 配置身份验证

用户是数据库的使用者。Oracle 为用户提供了密码验证、外部验证、全局验证三种身份验证方法，其中密码验证是最常用的方法。

1．密码验证

当一个使用密码验证机制的用户试图进入数据库时，数据库会核实用户名是否有效，并验证与该用户在数据库中存储的密码是否相匹配。

由于用户信息和密码都存储在数据库内部，所以密码验证用户也称为数据库验证用户。

2．外部验证

当一个外部验证机制用户试图进入数据库时，数据库会核实用户名是否有效，并确信该用户已经完成了操作系统级别的身份验证。此时，外部验证用户并不在数据库中存储一个验证密码。

3．全局验证

全局验证用户也不在数据库中存储验证密码，这种类型的验证是通过一个高级安全选项所提供的身份验证服务来进行的。

4.3.2 数据库用户管理

用户的相关信息包括用户名称和密码、用户的配置信息(包括用户的状态、用户的默认表空间等)、用户的权限、用户对应方案中的对象等。

用户一般是由 DBA 来创建和维护的。创建用户后，用户不可以执行任何 Oracle 操作，只有赋予用户相关的权限，用户才能执行相关权限允许范围内的相关操作。

1. 创建用户

用户访问数据库前必须要获得相应授权的账号，创建一个新的用户(密码验证用户)，最基本的创建用户的语句为：

CREATE USER user
IDENTIFIED BY password;

CREATE USER，IDENTIFIED BY 为语法保留字。CREATE USER 后面是创建的用户名字，而 IDENTIFIED BY 后面则是用户的初始密码。

执行该语句的用户需要有创建用户的权限，一般为系统的 DBA 用户(如 SYS 和 SYSTEM 用户)。

2. 修改用户

用户创建完成后，管理员可以对用户进行修改，包括修改用户口令、改变用户默认表空间、临时表空间、磁盘配额及资源限制等。修改用户密码的语句为：

ALTER USER user IDENTIFIED BY 新密码;

此命令不需要输入旧密码，直接可把用户的密码修改为新密码，但前提是该用户已经登录了 Oracle 服务器。

3. 删除用户

删除用户后，Oracle 会从数据字典中删除用户、方案及其所有对象方案，其语句为：

DROP USER user[CASCADE]

当用户中已经创建了相关的存储对象时，默认是不能删除用户的，需要先删除该用户下的所有对象，然后才能删除该用户名。该操作也可以使用 CASCADE 选项来完成，CASCADE 表示系统先自动删除该用户下的所有对象，然后再删除该用户名。已经登录的用户是不允许被删除的。

4.3.3 数据库权限管理

在 Oracle 服务器中，用户只有获得了相关的权限，才能执行该权限允许的操作。在 Oracle 中存在以下两种用户权限。

(1) 系统权限。允许用户在数据库中执行指定的行为，一般可以理解成比较通用的一类权限。

(2) 对象权限。允许用户操作一个指定的对象，该对象是一个确切存储在数据库中的命名对象。

1. 系统权限

Oracle 系统中包含 100 多种系统权限，其主要作用如下。

(1) 执行系统端的操作，如 CREATE SESSION 是登录的权限，CREATE TABI。ESPACE 是创建表空间的权限。

(2) 管理某类对象，如 CREATE TABLE 是用户建表的权限。

(3) 管理任何对象，如 CREATE ANY TABLE，ANY 关键字表明该权限的“权力”比较大，可以管理任何用户下的表。一般只有 DBA 可以使用该权限，普通用户是不应该拥有该类权限的。

下面是部分系统权限的例子。

(1) 表。

1) CREATE TABLE(创建表);

2) CREATE ANY TABLE(在任何用户下创建表);

3) ALTER ANY TABLE(修改任何用户的表的定义);

4) DROP ANY TABLE(删除任何用户的表);

5) SELECT ANY TABLE(从任何用户的表中查询数据);

6) UPDATE ANY TABLE(更改任何用户表的数据);

7) DELETE ANY TABLE(删除任何用户的表的记录)。

(2) 索引。

1) CREATE ANY INDEX(在任何用户下创建索引);

2) ALTER ANY INDEX(修改任何用户的索引定义);

3) DROP ANY INDEX(删除任何用户的索引)。

(3) 会话。

1) CREATE SESSION(创建会话，登录权限);

2) ALTER SESSION(修改会话)。

(4) 表空间。

1) CREATE TABLE SPACE(创建表空间);

2) ALTER TABLE SPACE(修改表空间);

3) DROP TABLE SPACE(删除表空间);

4) UNLIMITED TABLE SPACE(不限制任何表空间的配额)。

2. 授予用户系统权限

授予用户系统权限的语句为:

GRANT 系统权限 TO user[WITH ADMIN OPTION]

WITH ADMIN OPTION 的含义是把该权限的管理权限也赋予用户。默认情况下，权限的赋予工作是由拥有管理权限的管理员来执行的。在权限被赋予其他用户后，其他用户就获得了该权限的使用权，可以使用在该权限允许范围内的相关Oracle 操作，但用户并没有获得该权限的管理权，所以该用户没有权限把该权限再赋予其他用户。使用 WITH ADMIN OPTION 选项则可以获得授予普通用户管理权限的权限。

3．回收系统权限

回收系统权限的语句为：

REVOKE 系统权限 FROM user

它只能回收使用了 GRANT 授权过的权限，权限被回收后，用户就失去了原权限的使用权和管理权。

4．对象权限

对象权限的种类不是很多，但数量相当大，因为具体对象的数量很多。对象权限的分类如表 4.3.1 所示。

表 4.3.1　对象权限的分类

权限分类 \ 对象类型	表(Table)	视图(View)	序列	存储过程
SELECT(选择)	○	○	○	
INSERT(插入)	○	○		
UPDATE(更新)	○	○		
DELETE(删除)	○	○		
ALTER(修改)	○		○	
INDEX(索引)	○			
REFERENCE(引用)	○	○		
EXECUTE(执行)				○

对于对象权限来说，表除执行的权限外，其余的对象权限都有；视图没有修改的权限(含在创建视图权限中)，也不能基于视图来创建索引；序列只有修改和查询的权限；而存储过程则只有执行的权限。

对象权限除了直接作用在某个对象外，还可以对表中的具体列设置对象权限。

授予对象权限的语句为：

GRANT 对象权限种类[(列名列表)]ON 对象名 TO user

[WITH GRANT OPTION]

授予对象权限的用户是对象的拥有者或其他有对象管理权限的用户(常为DBA)。也可以把对象的管理权限赋予其他用户，其语句为 wITH GRANT OPTION。

回收对象权限的语句为：

REVOKE 对象权限种类[(列名列表)]ON 对象名 FROM user

对象的权限会级联回收，这一点同系统权限的级联回收策略不同。

4.4　数据备份、恢复和容灾

在日常工作中，人为操作错误、系统软件或应用软件缺陷、硬件损毁、计算机病毒、黑客攻击、突然断电、意外宕机、自然灾害等诸多因素都有可能造成网络系统中数据的丢失，给用户造成无法估量的损失。因此，数据备份与恢复对用户来说格外重要。

4.4.1 数据备份

1．数据备份的概念

数据备份是指为防止系统出现操作失误或系统故障导致数据丢失，而将全部或部分数据集合从应用主机的硬盘或阵列中复制到其他存储介质上的过程。网络系统中的数据备份，通常是指将存储在网络系统中的数据复制到磁带、磁盘、光盘等存储介质上，在该系统外的地方另行保管。这样，当网络系统设备发生故障或发生其他威胁数据安全的灾害时，能及时地从备份的介质上恢复正确的数据。

数据备份的目的就是为了在系统数据崩溃时能够快速地恢复数据，使系统迅速恢复运行。那么就必须保证备份数据和源数据的一致性和完整性，消除系统使用者的后顾之忧。其关键在于保障系统的高可用性，即操作失误或系统故障发生后，能够保障系统的正常运行。如果没有了数据，一切的恢复都是不可能实现的，因此备份是一切灾难恢复的基石。从这个意义上讲，任何灾难恢复系统实际上都是建立在备份基础上的。数据备份与恢复系统是数据保护措施中最直接、最有效、最经济的方案，也是任何网络信息系统不可缺少的一部分。

现在不少用户也意识到了这一点，采取了系统定期检测与维护、双机热备份、磁盘镜像或容错、备份磁带异地存放、关键部件冗余等多种预防措施。这些措施一般能够进行数据备份，并且在系统发生故障后能够快速地进行系统恢复。

数据备份能够用一种增加数据存储代价的方法保护数据安全，它对于拥有重要数据的大中型企事业单位是非常重要的，因此数据备份和恢复通常是大中型企事业网络系统管理员每天必做的工作之一。对于个人网络用户，数据备份也是非常必要的。

传统的数据备份主要是采用数据内置或外置的磁带机进行冷备份。一般来说，各种操作系统都附带了备份程序。但随着数据的不断增加和系统要求的不断提高，附带的备份程序已无法满足需求。要想对数据进行可靠的备份，必须选择专门的备份软、硬件，并制定相应的备份及恢复方案。

目前比较常用的数据备份措施有：本地磁带备份、本地可移动存储器备份、本地可移动硬盘备份、本机多硬盘备份、远程磁带库、光盘库备份、远程数据库备份、网络数据镜像和远程镜像磁盘等。

2. 数据备份的类型

按数据备份时的数据库状态的不同，数据备份可分为冷备份、热备份和逻辑备份等类型。

(1) 冷备份。

冷备份(cold Backup)是指在关闭数据库的状态下进行的数据库完全备份。备份内容包括所有的数据文件、控制文件、联机日志文件等。因此，在进行冷备份时数据库将不能被访问。冷备份通常只采用完全备份。

(2) 热备份。

热备份(Hot Backup)是指在数据库运行的状态下，对数据文件和控制文件进行的备份。使用热备份必须将数据库运行在归档方式下。在进行热备份的同时可以进行数据库的各种操作。

(3) 逻辑备份。

逻辑备份(Logical Backup)是最简单的备份方法，可按数据库中某个表、某个用户或整个数据库进行导出。使用这种方法，数据库必须处于打开状态，且如果数据库不是在 restrict 状态则将不能保证导出数据的一致性。

3. 数据备份策略

需要进行数据备份的部门都要先制定数据备份策略。数据备份策略包括确定需要备份的数据内容(如进行完全备份、增量备份、差别备份还是按需备份)、备份类型(如采用冷备份还是热备份)、备份周期(如以月、周、日还是小时为备份周期)、备份方式(如采用手工备份还是自动备份)、备份介质(如以光盘、硬盘、磁带、优盘还是网盘为备份介质)和备份介质的存放等。下面介绍几种不同数据内容的备份方式。

(1) 完全备份。

完全备份(Full Backup)是指按备份周期对整个系统的所有文件(数据)进行备份。这种备份方式比较流行，也是解决系统数据不安全的最简单的方法，操作起来也很方便。有了完全备份，网络管理员可清楚地知道从备份之日起便可恢复网络系统中的所有信息，恢复操作也可一次性完成。如当发现数据丢失时，只要用一盘故障发生前一天备份的磁带，即可恢复丢失的数据。但这种方式的不足之处是由于每天都对系统进行完全备份，在备份数据中必定有大量的内容是重复的，这些重复的数据占用了大量的存储空间，这对用户而言就意味着成本的增加。另外，由于进行完全备份时需要备份的数据量相当大，因此备份所需的时间较长。对于那些业务繁忙、备份窗口时间有限的单位，选择这种备份策略是不合适的。

(2) 增量备份。

增量备份(Incremental Backup)是指每次备份的数据只是相当于上一次备份后增加和修改过的内容，即备份的都是已更新过的数据。例如，系统在星期日做了一次完全备份，然后在以后的六天里每天只对当天新的或被修改过的数据进行备份。这种备份的优点是没有或减少了重复的备份数据，既节省了存储介质的空间，又缩短了备份时间。但其缺点是恢复数据的过程比较麻烦，不可能一次性完成整体的恢复。

(3) 差别备份。

差别备份(Differential Backup)也是在完全备份后将新增加或修改过的数据进行备份，但它与增量备份的区别是每次备份都把上次完全备份后更新过的数据进行备份。例如，星期日进行完全备份后，其余六天中的每一天都将当天所有与星期日完全备份时不同的数据进行备份。差别备份可节省备份时间和存储介质空间，只需两盘磁带(星期日备份磁带和故障发生前一天的备份磁带)即可恢复数据。差别备份兼具了完全备份的恢复数据较方便和增量备份的节省存储空间及备份时间的优点。

完全备份所需的时间最长，占用存储介质容量最大，但数据恢复时间最短，操作最方便，当系统数据量不大时该备份方式最可靠；但当数据量增大时，很难每天都做完全备份，可选择周末做完全备份，在其他时间采用所用时间最少的增量备份或时间介于两者之间的差别备份。在实际备份中，通常也是根据具体情况，采用这几种备份方式的组合，如年底做完全备份，月底做完全备份，周末做完全备份，而每天做增量备份或差别备份。

(4) 按需备份。

除以上备份方式外，还可采用随时对所需数据进行备份的方式进行数据备份。按需备份就是指除正常备份外，额外进行的备份操作。额外备份可以有许多理由，例如，只想备份很少几个文件或目录，备份服务器上所有的必需信息以便进行更安全的升级等。这样的备份在实际应用中经常遇到。

4.4.2 数据恢复

数据恢复是指将备份到存储介质上的数据再恢复到网络系统中，它与数据备份是一个相反的过程。

数据恢复措施在整个数据安全保护中占有相当重要的地位，因为它关系到系统在经历灾难后能否迅速恢复运行。

1．恢复数据时的注意事项

(1) 由于恢复数据是覆盖性的，不正确的恢复可能会破坏硬盘中的最新数据，因此在进行数据恢复时，应先将硬盘数据备份。

(2) 进行恢复操作时，用户应指明恢复何时的数据。当开始恢复数据时，系统首先识别备份介质上标识的备份日期是否与用户选择的日期相同，如果不同将提醒用户更换备份介质。

(3) 由于数据恢复工作比较重要，容易错把系统上的最新数据变成备份盘上的旧数据，因此应指定少数人进行此项操作。

(4) 不要在恢复过程中关机、关电源或重新启动机器。

(5) 不要在恢复过程中打开驱动器开关或抽出软盘、光盘(除非系统提示换盘)等。

2．数据恢复的类型

一般来说，数据恢复操作比数据备份操作更容易出问题。数据备份只是将信息从磁盘复制出来，而数据恢复则要在目标系统上创建文件。在创建文件时会出现许多差错，如超过容量限制、权限问题和文件覆盖错误等。数据备份操作不需知道太多的系统信息，只需复制指定信息就可以了；而数据恢复操作则需要知道哪些文件需要恢复，哪些文件不需要恢复等。

数据恢复操作通常有全盘恢复、个别文件恢复和重定向恢复三种类型。

(1) 全盘恢复。

全盘恢复就是将备份到介质上的指定系统信息全部转储到它们原来的地方。全盘恢复一般应用在服务器发生意外灾难时导致数据全部丢失、系统崩溃或是有计划的系统升级、系统重组等，也称为系统恢复。

(2) 个别文件恢复。

个别文件恢复就是将个别已备份的最新版文件恢复到原来的地方。对大多数备份而言，这是一种相对简单的操作。个别文件恢复要比全盘恢复用得更普遍。利用网络备份系统的恢复功能，很容易恢复受损的个别文件。需要时只要浏览备份数据库或目录，找到该文件，启动恢复功能，系统将自动驱动存储设备，加载相应的存储媒体，恢复指定文件。

(3) 重定向恢复。

重定向恢复是将备份的文件(数据)恢复到另一个不同的位置或系统上去，而不是做备份操作时它们所在的位置。重定向恢复可以是整个系统恢复，也可以是个别文件恢复。重定向恢复时需要慎重考虑，要确保系统或文件恢复后的可用性。

4.4.3 数据容灾

对于信息技术而言，容灾系统就是为网络信息系统提供的一个能应付各种灾难的环境。当网络系统在遭受如火灾、水灾、地震、战争等不可抗拒的灾难和意外时，容灾系统将保证用户数据的安全性，甚至提供不间断的应用服务。

1. 容灾系统和容灾备份

这里所说的“灾”具体是指网络系统遇到的自然灾难(洪水、飓风、地震)、外在事件(电力或通信中断)、技术失效及设备受损(火灾)等。容灾就是指网络系统在遇到这些灾难时仍能保证系统数据的完整、可用和系统正常运行。

对于那些业务不能中断的用户和行业，如银行、证券、电信等，因其关键业务的特殊性，必须有相应的容灾系统进行防护。保持业务的连续性是当今企事业用户需要考虑的一个极为重要的问题，而容灾的目的就是保证关键业务的可靠运行。利用容灾系统，用户把关键数据存放在异地，当生产(工作)中心发生灾难时，备份中心可以很快地将系统接管并运行起来。

从概念上讲，容灾备份是指通过技术和管理的途径，确保在灾难发生后，企事业单位的关键数据、数据处理系统和业务在短时间内能够恢复。因此，在实施容灾备份之前，企事业单位首先要分析哪些数据最重要、哪些数据要做备份、这些数据价值多少，然后再决定采用何种形式的容灾备份。

现在，容灾备份的技术和市场正处于一个快速发展的阶段。在此契机下，国家已将容灾备份作为今后信息发展规划中的一个重点，各地方和行业准备或已建立起一些容灾备份中心。这不仅可以为大型企业和部门提供容灾服务，也可以为大量的中小企业提供不同需求的容灾服务。

2. 数据容灾与数据备份的关系

许多用户对数据容灾这个概念不理解，易把数据容灾与数据备份等同起来，其实这是不对的，至少是不全面的。

备份与容灾不是等同的关系，而是两个“交集”，中间有大部分的重合关系。多数容灾工作可由备份来完成，但容灾还包括网络等其他部分，而且，只有容灾才能保证业务的连续性。

数据容灾与数据备份的关系主要体现在以下几个方面。

(1) 数据备份是数据容灾的基础。

数据备份是数据高可用性的一道安全防线，其目的是为了在系统数据崩溃时能够快速地恢复数据。虽然它也是一种容灾方案，但这样的容灾能力非常有限，因为传统的备份主要是采用磁带机进行冷备份，备份磁带的同时也在机房中统一管理，一旦整个机房出现了灾难，这些备份磁带也将随之销毁，所存储的磁带备份将起不到任何容灾作用。

(2) 容灾不是简单备份。

显然，容灾备份不等同于一般意义上的业务数据的备份与恢复，数据备份与恢复只是容灾备份中的一个方面。容灾备份系统还包括最大范围地容灾、最大限度地减少数据丢失、实时切换、短时间恢复等多项内容。可以说，容灾备份正在成为保护企事业单位关键数据的一种有效手段。

真正的数据容灾就是要避免传统冷备份所具有的不足之处，要能在灾难发生时，全面、及时地恢复整个系统。容灾按其容灾能力的高低可分为多个层次，如国际标准 SHARE 78 定义的容灾系统有七个层次：从最简单的仅在本地进行磁带备份，到将备份的磁带存储在异地，再到建立应用系统实时切换的异地备份系统，恢复时间也可以从几天到几小时，甚至到分钟级、秒级或零数据丢失等。

无论采用哪种容灾方案，数据备份都是最基础的，没有备份的数据，任何容灾方案都没有现实意义。但仅有备份是不够的，容灾也必不可少。

(3) 容灾不仅仅是技术。

容灾不仅仅是一项技术，更是一项工程。目前很多客户还停留在对容灾技术的关注上，而对容灾的流程、规范及具体措施还不太清楚，也从不对容灾方案的可行性进行评估，认为只要建立了容灾方案即可放心了，其实这是具有很大风险的。特别是一些中小企事业单位，认为自己的企事业单位为了数据备份和容灾，年年花费了大量的人力和财力，但几年下来根本没有发生任何大的灾难，于是就放松了警惕。可一旦发生了灾难，将损失巨大。这一点国外的公司就做得非常好，尽管几年下来的确未出现大的灾难，备份了那么多磁带，几乎没有派上任何用场，但仍一如既往、非常认真地做好每一步，并且基本上每月都会对现行容灾方案的可行性进行评估，进行实地演练。

3. 容灾系统

容灾系统包括数据容灾和应用容灾两部分。数据容灾可保证用户数据的完整性、可靠性和一致性，但不能保证服务不中断。应用容灾是在数据容灾的基础上，在异地建立一套完整的与本地生产系统相当的备份应用系统，在灾难发生的情况下，远程系统会迅速接管业务运行，提供不间断的应用服务，让客户的服务请求能够继续。可以说，数据容灾是系统能够正常工作的保障。而应用容灾则是容灾系统建设的目标，它是建立在可靠的数据容灾基础上，通过应用系统、网络系统等各种资源之间的良好协调来实现的。

(1) 本地容灾。

本地容灾的主要手段是容错。容错的基本思想就是利用外加资源的冗余技术来达到屏蔽故障、自动恢复系统或安全停机的目的。容错是以牺牲外加资源为代价来提高系统可靠性的。外加资源的形式很多，主要有硬件冗余、时间冗余、信息冗余和软件冗余。容错技术的使用使得容灾系统能恢复大多数的故障，然而当遇到自然灾害及战争等意外时，仅采用本地容灾技术并不能满足要求，这时应考虑采用异地容灾保护措施。

在系统设计中，企业一般考虑做数据备份和采用主机集群的结构，因为它们能解决本地数据的安全性和可用性。目前人们所关注的容灾，大部分也都只是停留在本地容灾的层面上。

(2) 异地容灾。

异地容灾是指在相隔较远的异地，建立两套或多套功能相同的系统。当主系统因意外停止工作时，备用系统可以接替工作，保证系统的不间断运行。异地容灾系统采用的主要方法是数据复制，目的是在本地与异地之间确保各系统关键数据和状态参数的一致。

异地容灾系统具备应付各种灾难特别是区域性与毁灭性灾难的能力，具备较为完善的数据保护与灾难恢复功能，保证灾难降临时数据的完整性及业务的连续性，并在最短时间内恢复业务系统的正常运行，将损失降到最小。其系统一般由生产系统、可接替运行的后备系统、数据备份系统、备用通信线路等部分组成。在正常生产和数据备份的状态下，生产系统向备份系统传送需备份的数据。灾难发生后，当系统处于灾难恢复状态时，备份系统将接替生产系统继续运行。此时重要的营业终端用户将从生产主机切换到备份中心主机，继续对外营业。

4. 数据容灾技术

容灾系统的核心技术是数据复制，目前主要有同步数据复制和异步数据复制两种。同步数据复制是指通过将本地数据以完全同步的方式复制到异地，每一个本地 I／O 交易均需等待远程复制的完成方予以释放。异步数据复制是指将本地数据以后台方式复制到异地，每一个本地 I／O 交易均正常释放，无须等待远程复制的完成。数据复制对数据系统的一致性和可靠性以及系统的应变能力具有举足轻重的作用，它决定着容灾系统的可靠性和可用性。

对数据库系统可采用远程数据库复制技术来实现容灾。这种技术是由数据库系统软件实现数据库的远程复制和同步的。基于数据库的复制方式可分为实时复制、定时复制和存储转发复制，并且在复制过程中，还有自动冲突检测和解决的手段，以保证数据的一致性不受破坏。远程数据库复制技术对主机的性能有一定要求，可能增加对磁盘存储容量的需求，但系统运行恢复较简单，在实时复制方式时数据一致性较好，所以对于一些数据一致性要求较高、数据修改更新较频繁的应用，可采用基于数据库的容灾备份方案。

目前，业内实施比较多的容灾技术是基于智能存储系统的远程数据复制技术。它是由智能存储系统自身来实现数据的远程复制和同步，即智能存储系统将对本系统中的存储器 I / O 操作请求复制到远端的存储系统中并执行，保证数据的一致性。

还可以采用基于逻辑磁盘卷的远程数据复制技术进行容灾。这种技术就是将物理存储设备划分为一个或多个逻辑磁盘卷(volume)，便于数据的存储规划和管理。逻辑磁盘卷可理解为在物理存储设备和操作系统之间增加一个逻辑存储管理层。基于逻辑磁盘卷的远程数据复制就是根据需要将一个或多个卷进行远程同步或异步复制。该方案通常通过软件来实现，基本配置包括卷管理软件和远程复制控制管理软件。基于逻辑磁盘卷的远程数据复制因为是基于逻辑存储管理技术的，一般与主机系统、物理存储系统设备无关，所以对物理存储系统自身的管理功能要求不高，有较好的可管理性。

在建立容灾备份系统时会涉及多种技术，具体有 SAN 和 NAS 技术、远程镜像技术、虚拟存储技术、基于 IP 的 SAN 的互联技术、快照技术等。

(1) SAN 和 NAS 技术。

SAN(Storage Area Network，存储区域网)提供一个存储系统、备份设备和服务器相互连接的架构。它们之间的数据不在以太网络上流通，从而大大提高了以太网络的性能。正由于存储设备与服务器完全分离，用户获得一个与服务器分开的存储管理理念。复制、备份、恢复数据和安全的管理可以以中央的控制和管理手段进行，加上把不同的存储池以网络方式连接，用户可以以任何需要的方式访问数据，并获得更高的数据完整性。

NAS(Network Attached Storage，网络附加存储)使用了传统以太网和 IP 协议，当进行文件共享时，则利用了 NFS 和 CIFS(Common Internet File System)以沟通 NT 和 UNIX 系统。由于 NFS 和 CIFS 都是基于操作系统的文件共享协议，所以 NAS 的性能特点是进行小文件级的共享存取。

SAN 以光纤通道交换机和光纤通道协议为主要特征的本质决定了它在性能、距离、管理等方面的诸多优点。而 NAS 的部署非常简单，只需与传统交换机连接即可。概括来说， SAN 对于高容量块状级数据传输具有明显的优势，而 NAS 则更加适合文件级别上的数据处理。SAN 和 NAS 实际上也是能够相互补充的存储技术。

(2) 远程镜像技术。

远程镜像技术用于主数据中心和备援数据中心之间进行数据备份。两个镜像系统一个称为主镜像系统，一个称从镜像系统。按主、从镜像存储系统所处的位置可分为本地镜像和远程镜像。

远程镜像又称远程复制，是容灾备份的核心技术，同时也是保持远程数据同步和实现灾难恢复的基础。远程镜像按请求镜像的主机是否需要远程镜像站点的确认信息，又可分为同步远程镜像和异步远程镜像。

同步远程镜像是指通过远程镜像软件，将本地数据以完全同步的方式复制到异地，每一个本地的 I / O 事务均需等待远程复制的完成确认信息，方可予以释放。同步镜像使远程备份总能与本地机要求复制的内容相匹配。当主站点出现故障时，用户的应用程序会切换到备份的替代站点，被镜像的远程副本可以保证业务继续执行而没有数据丢失。但同步远程镜像系统存在往返传输造成延时较长的缺点，因此它只限于在相对较近的距离上应用。

异步远程镜像保证在更新远程存储视图前完成向本地存储系统的基本 I / O 操作，而由本地存储系统提供给请求镜像主机的 I / O 操作完成确认信息。远程数据复制是以后台同步的方式进行的，这使本地系统性能受到的影响很小，传输距离远，对网络带宽要求小。但是，许多远程的从属存储子系统的写操作没有得到确认，当某种因素造成数据传输失败时，可能会出现数据不一致的问题。为了解决这个问题，目前大多采用延迟复制的技术，即在确保本地数据完好无损后再进行远程数据更新。

(3) 快照技术。

远程镜像技术往往同快照技术结合起来实现远程备份，即通过镜像把数据备份到远程存储系统中，再用快照技术把远程存储系统中的信息备份到远程的磁带库、光盘库中。

快照是通过软件对要备份的磁盘子系统的数据快速扫描，建立一个要备份数据的快照逻辑单元号 LUN 和快照 cache。在快速扫描时，把备份过程中即将要修改的数据块同时快速复制到快照 cache 中。快照 LUN 是一组指针，它指向快照 cache 和磁盘子系统中不变的数据块。在正常业务进行的同时，利用快照 LUN 实现对原数据的一个完全备份。它可使用户在正常业务不受影响的情况下，实时提取当前在线业务数据。其“备份窗口”接近于零，可大大增加系统业务的连续性，为实现系统真正的全天候运转提供了保证。

(4) 虚拟存储技术。

在有些容灾方案中，还采取了虚拟存储技术，如西瑞异地容灾方案。虚拟化存储技术在系统弹性和可扩展性上开创了新的局面。它将几个 IDE 或 SCSI 驱动器等不同的存储设备串联成一个存储器池。存储器池的整个存储容量可以分为多个逻辑卷，并作为虚拟分区进行管理。存储由此成为一种功能而非物理属性，而这正是基于服务器的存储结构存在的主要限制。

虚拟存储系统还提供动态改变逻辑卷大小的功能。事实上，存储卷的容量可以在线随意增加或减少。可以通过在系统中增加或减少物理磁盘的数量来改变集群中逻辑卷的大小。这一功能允许卷的容量随用户的即时要求而动态改变。随着业务的发展，可利用剩余空间根据需要扩展逻辑卷，也可以在线将数据从旧驱动器转移到新的驱动器上，而不中断正常服务的运行。

存储虚拟化的一个关键优势是它允许异构系统和应用程序共享存储设备，而不管它们位于何处。系统将不再需要在每个分部的服务器上都连接一台磁带设备。

4.5 大数据及其安全

4.5.1 大数据及其安全威胁

1．大数据的概念

大数据(Big Data)是由数量规模巨大、结构非常复杂、类型众多的数据构成的数据集合，大数据是无法在一定时间内用常规软件工具进行采集、管理和处理，并整理成为企业和机构经营决策提供帮助的信息资源。

大数据具有海量的数据规模、快速的数据流转、多样的数据类型和低价值密度四大主要特征，大数据是需要新处理模式才能具有更强的决策力、洞察力和流程优化能力的海量、高增长率和多样化的信息资产。

物联网、云计算、移动互联网、车联网、手机、平板电脑、个人计算机以及遍布地球各个角落的各种各样的传感器，都是数据来源或承载的方式。大数据来源于诸如社会网络、互联网文本和文件、互联网搜索索引、传感器网络等网络，天文学、大气科学、基因组学、生物地球化学、生物学等科学，以及其他复杂或跨学科的科研、军事侦察、医疗记录、摄影档案馆、视频档案和大规模的电子商务。随着云时代的来临，大数据也吸引了越来越多的关注。

2．大数据的不安全因素

由于大数据是由数量巨大、结构复杂、类型众多的数据构成的，因此具有多样化、高效率、可变性和复杂性等特点，目前已经渗透到各个行业和业务职能领域，逐渐成为重要的生产因素。大数据作为社会的又一个基础性资源，将给社会进步和经济发展带来强大的驱动力，对国家的治理模式，对企业的决策、组织和业务流程，对个人的工作、生活方式都将产生巨大的影响，越来越受到社会各界的关注。与此同时，大数据在应用中的安全问题也越来越突出。大数据存在数据被窃取、个人数据隐私权受到冲击(例如亚马逊和淘宝记录着众多个人注册信息与购物习惯，谷歌和百度记录着人们的网页浏览习惯，QQ 和微信记录着人们的言论和社交关系网等)和容易成为网络攻击的目标等安全隐忧。例如，大数据在企业应用中存在如下不安全因素。

(1) 业务复杂化，安全风险难以识别。其表现为新业务快速上线，管理员未及时得知并纳入安全管理；虚拟化环境的网络流量无法可视、可控；加密流量越来越多，非法行为隐蔽性强，以及合法的用户身份被轻易冒用难以被发现。

(2) 恶意人员已经入侵到内部而用户毫不知情。表现为云计算、移动互联网等新业务兴起，网络边界模糊，基于边界的防御日益不足，新型攻击不断，传统的防御系统容易被突破。

(3) 安全运维更加复杂，工作繁重低效。表现为现在的安全攻防技术日新月异，使得系统运维人员学习和接受难度大；安全设备专业化程度高，错配漏配率高；安全问题需要分析各类安全设备上的大量日志才能发现，以及繁重的安全运维工作，工作价值及成果展示困难。

4.5.2 大数据的安全策略

大数据时代要求人们从安全技术应用、安全管理、法律体系、产业方向等多个层面构建协同联动的信息安全保障体系，以减少大数据时代信息安全的系统威胁和风险，为信息安全保驾护航。

1．大数据安全技术

大数据代表了先进的生产力方向，已经成为不可阻挡的趋势。大数据时代一旦发生网络攻击或泄密事件，产生的后果将更为严重，因此，大数据的安全问题至关重要。解决大数据安全问题，需要利用大数据的安全技术。

常规的数据处理技术是不能满足大数据的需要的，而大数据的分析和处理常常与云计算联系在一起，即大数据与云计算的关系是密不可分的。由于大数据无法用单台计算机进行处理，而实时的大型数据分析需要像 MapReduce(大规模数据集并行运算技术)一样的框架来向数十、数百甚至数千台的计算机分配工作，因此必须采用分布式架构。

大数据技术在于对海量数据进行分布式数据挖掘，必须依托云计算的分布式处理、分布式数据库和云存储、虚拟化技术。适用于大数据的技术包括大规模并行处理数据库、数据挖掘技术、分布式文件系统、分布式数据库、云计算平台、互联网和可扩展存储系统等。

大数据的安全保护可采取密码技术把威胁和风险控制在允许范围内，例如通过数据加密、密码认证、密码协议等方式，形成互联网的加密通道，在现有的互联网系统外围形成一层防护“围栏”，将各类威胁大数据安全的攻击屏蔽在“围栏”之外。

2. 大数据安全重点要解决的问题

大数据作为社会的又一个基础性资源，将给社会进步、经济发展带来强大的驱动力。解决大数据的安全问题，已经成为全社会最关注的问题之一。大数据安全要重点解决如下三个问题。

(1) 用大数据安全技术解决系统问题。

大数据的发展趋势是数据的资源化、与云计算的深度结合、科学理论的突破、数据科学和数据联盟的成立、数据泄露泛滥、数据管理成为核心竞争力、数据质量是BI(商业智能)成功的关键和数据生态系统复合化程度加强等。

目前我国在大数据发展和应用方面已具备一定的基础，拥有市场优势和发展潜力。坚持创新驱动发展，加快大数据部署，深化大数据应用，使其成为稳增长、促改革、调结构、惠民生和推动政府治理能力现代化的内在需要和必然选择。

传统解决网络安全的基本思路是划分边界，在每个边界设立网关设备和网络流量设备，用守住边界的办法来解决安全问题。但随着移动互联网、云服务的应用，网络边界实际上已经消亡。基于边界防护的网络安全思想或传统网络安全思想已不可行。网络攻击一定会时有发生，让网络攻击能够被发现并有针对性地对其进行防护，也就是运用大数据的安全技术解决大数据的安全问题。

(2) 收集内部数据全面消除安全死角。

要使大数据系统安全，一定要全面消除大数据安全的死角。就像全面安防系统一样，如果安防摄像头布防得有空档，就很难保证任何一个安全事件的发生都能被发现。在以往的网络安全解决方案里，对服务器和边界数据的收集重视程度很高，但对于终端的安全防护和数据收集却非常薄弱。

在大数据的网络安全系统中，必须消除内部的数据死角，网络收集技术一定要全面。任何一个在内部发生的网络访问、网络下载，都是要把数据收集起来，如果从终端服务器到各种各样的网络数据收集不全，就没办法形成安全的大数据。

(3) 利用专业的威胁情报和漏洞服务。

当前网络安全形势日益严峻，网络攻击已经屡见不鲜，在发达国家或地区，网络威胁情报服务和漏洞服务已经非常发达。购买威胁情报服务和安全服务的做法非常流行，几乎没有一家企业不购买漏洞服务。因为发生在一个企业的网络攻击事件，很可能有同样的网络攻击样本或方法在另外一个地方已经发生过，如果通过网络安全公司及时获取相关的威胁警报，就可以及时防范同样的网络攻击发生在自己的网络中。

3．大数据的安全管理

数据作为一种资源，它的普遍性、共享性、增值性、可处理性和多效用性，使其具有特别重要的意义。信息安全是任何国家和地区、政府、部门、行业都必须十分重视的问题，是一个不容忽视的国家和地区安全战略。但是，对于不同的部门和行业来说，其对信息安全的要求和重点却是有不同的。信息安全的实质就是要保护信息系统或信息网络中的信息资源免受各种类型的威胁、干扰和破坏，即保证信息的安全性。

从信息安全的角度来看，围绕大数据的问题应做到以下几点。

(1) 提高安全意识，及时出台相关法律和规章制度。

(2) 提高网络管理员和个人用户接受和应用新型网络安全的技术。

(3) 加强制度建设，规范互联网行为。

(4) 保障网络安全。

(5) 保障云安全。

(6) 保障移动互联网和物联网安全。

(7) 保护个人隐私。

第 5 章　互联网安全

随着计算机网络技术的迅猛发展和普及应用，基于互联网的安全性问题愈发显得突出，但绝大多数网络用户对于自己在互联网上的安全情况并不太注意，甚至毫不知情。因此，一些用户会遇到密码被盗、存储数据莫名地丢失或被毁、网络病毒的入侵、电子邮件攻击、Web 站点攻击、互联网欺骗、网络交易的欺骗等安全问题。如何解决好互联网的安全问题已成为广大互联网用户非常关注的内容。

5.1　TCP/IP 协议及其安全

TCP / IP 协议是美国 DARPA 为 ARPANET 制定的一种异构网络互联的通信协议，通过它可实现各种异构网络或异种机之间的互联通信。TCP / IP 协议虽然不是国际标准，但已被广大用户和厂商所接受，成为当今计算机网络最成熟、应用最广的互联协议。国际互联网采用的就是 TCP / IP 协议。TCP / IP 协议也可用于其他网络，如局域网，以支持异种机的联网或异构型网络的互联。TCP / IP 协议同样适用在一个局域网中实现异种机的互联通信。网络上各种各样的计算机上只要安装了 TCP / IP 协议，它们之间就能相互通信。运行 TCP / IP 协议的网络是一种采用包(分组)交换的网络。

5.1.1 TCP / IP 协议的层次结构和层次安全

TCP / IP 协议是由 100 多个协议组成的协议集，TCP 协议和 IP 协议是其中两个最重要的协议。TCP 和 IP 两个协议分别属于传输层和网络层，在互联网中起着不同的作用。

1. TCP / IP 协议的层次结构

TCP / IP 协议的层次结构分为四层，分别是网络接口层、网络层(网际层、IP 层)、传输层(TCP 层)和应用层，如图 5.1.1 所示。

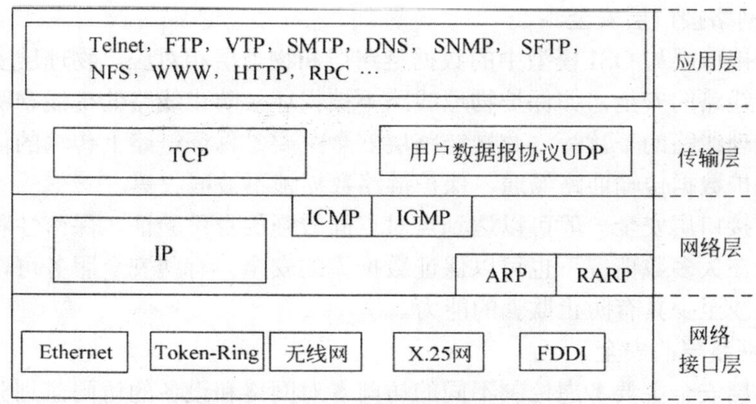

图 5.1.1　TCP / IP 协议层次结构

网络接口层负责接收 IP 数据报，并把这些数据报发送到指定的网络中。它与 OSI 模型中的数据链路层和物理层相对应。

网络层(也称网际层)主要解决主机到主机的通信问题，该层的主要协议有 IP 协议和 ICMP 协议。IP 协议是 Internet 中的基础协议，它提供了不可靠的、尽最大努力的、无连接的数据报传递服务。ICMP 协议是一种面向连接的协议，用于传输错误报告控制信息。由于 IP 协议提供了无连接的数据报传送服务，在传送过程中若发生差错或意外情况则无法处理数据报，这就需要 ICMP 协议来向源结点报告差错情况，以便源结点对此做出相应的处理。

传输层的基本任务是提供应用程序之间的通信，这种通信通常称为端到端通信。传输层可提供端到端之间的可靠传送，确保数据到达目的地时无差错、不乱序。传输层的主要协议有 TCP 协议和 UDP(User Data Protocol)协议。TCP 协议是在 IP 协议提供的服务基础上，支持面向连接的、可靠的传输服务。UDP 协议是直接利用 IP 协议进行 UDP 数据报的传输，因此 UDP 协议提供的是无连接、不保证数据完整地到达目的地的传输服务。由于 UDP 协议不使用很烦琐的流控制或错误恢复机制，只充当数据报的发送者和接收者，因此， UDP 协议比 TCP 协议简单得多。

应用层为协议的最高层，在该层应用程序与协议相互配合，发送或接收数据。TCP / IP 协议集在应用层上有远程登录协议(Telnet)、文件传输协议(FTP)、电子邮件协议(SMTP)、域名系统(DNS)等，它们构成了 TCP / IP 协议的基本应用程序。

2. TCP / IP 协议的层次安全

TCP / IP 协议的层次不同提供的安全性也不同。例如，在网络层提供虚拟专用网络(VPN)，在传输层提供 SSL 服务等。

(1) 网络接口层安全。

网络接口层与OSI模型中的数据链路层和物理层相对应。物理层安全主要是保护物理线路的安全，如保护物理线路不被损坏，防止线路的搭线窃听，减少或避免对物理线路的干扰等。数据链路层安全主要是保证链路上传输的信息不出现差错，保护数据传输通路畅通，保护链路数据帧不被截收等。

网络接口层安全一般可以达到点对点间较强的身份验证、保密性和连续的信道认证，在大多数情况下也可以保证数据流的安全。有些安全服务可以提供数据的完整性或至少具有防止欺骗的能力。

(2) 网络层的安全。

网络层安全主要考虑控制不同的访问者对网络和设备的访问，划分并隔离不同的安全域以及防止内部访问者对无权访问区域的访问和误操作。

IP分组是一种面向协议的无连接的数据包，IP包是可共享的，其寻址于特定位置的信息对大量网络组件来说是可读的，用户间的数据在子网中要经过很多结点进行传输。从安全角度讲，网络组件对下一个邻近结点并不了解，因为每个数据包都可能来自网络中的任何地方。因此如认证、访问控制等安全服务必须在每个包的基础上执行。国际上有关组织已经提出了一些对网络层的安全协议进行标准化的方案。网络层安全协议(NLSP)是由国际标准化组织为无连接网络协议(CLNP)制定的安全协议标准。事实上，网络层安全协议使用IP封装技术将纯文本的包加密、封装在外层IP报头里，当这些包到达另一端时，外层的IP报头被拆开，报文被解密，然后交付给收端用户。网络层安全协议可用来在Internet上建立安全的IP通道和虚拟专用网。其本质是，纯文本的包被加密，并被封装在外层的IP报头里，用来对加密的包进行Internet上的路由选择。到达另一端时，外层的IP报头被拆开，报文被解密，然后送到收报地点。

(3) 传输层的安全。

由于TCP / IP协议本身很简单，没有加密、身份验证等安全特性，因此必须在传输层建立安全通信机制为应用层提供安全保护。传输层网关在两个结点之间代为传递TCP连接并进行控制。常见的传输层安全技术有SSL、SOCKS和PCT等。

在Internet中提供安全服务的一个想法便是强化它的IPC界面，如BSD Sockets。具体做法包括双端实体的认证、数据加密密钥的交换等。Netscape通信公司遵循了这个思路，制定了建立在可靠的传输服务(如TCP / IP所提供)基础上的SSL协议。

(4) 应用层的安全。

网络层的安全协议可为网络连接建立安全的通信信道，传输层的安全协议可为进程之间的数据通道增加安全属性。本质上，这意味着真正的数据通道还是建立在主机(或进程)之间，但却不可能区分在同一通道上传输的一个具体文件的安全性要求。如果一个主机与另一个主机之间建立起一条安全的 IP 通道，那么所有在这条通道上传输的 IP 包就都要自动地被加密。同样，如果一个进程和另一个进程之间通过传输层安全协议建立起了一条安全的数据通道，那么两个进程间传输的所有消息就都要自动地被加密。

如果要区分一个具体文件的不同的安全性要求，那就必须借助于应用层的安全性。提供应用层的安全服务实际上是最灵活的处理单个文件安全性的手段。

应用层提供的安全服务，通常都是对每个应用(包括应用协议)分别进行修改和扩充，加入新的安全功能。现已实现的 TCP / IP 应用层的安全措施有基于信用卡安全交易服务的安全电子交易协议(SET)、基于电子商务安全应用的安全电子付费协议(SEPP)、基于 SMTP 协议提供电子邮件安全服务的私用强化邮件(PEM)和基于 HTTP 协议提供 Web 安全使用的安全性超文本传输协议(S—HTTP)等。

5.1.2 TCP / IP 协议的安全性分析

TCP / IP 协议在设计初期并没有考虑到安全性问题，因此 TCP / IP 协议的通信系统在应用过程中逐渐暴露出各种安全问题，导致各种利用安全漏洞的恶意攻击发生。

1. IP 协议安全分析

IP 地址是主机网络接口的唯一标识，攻击者为了隐藏攻击者来源或绕过安全防范措施，常常采用 IP 地址欺骗。对于攻击者来说，IP 地址欺骗的方法可以有两种：一种是直接更改本机的 IP 地址为其他主机的 IP 地址，但这种方法受到一定的限制。另一种是有意地用假的 IP 地址构造 IP 数据包，然后发出去。常见的基于 IP 协议的攻击有 IP 欺骗、Teardrop 攻击和数据包欺骗。

攻击者向一台主机发送带有某 IP 地址的消息(并非自己的 IP 地址)，表明该消息来自于一台受信任的主机，以便获得对该主机的非授权访问。若要进行 IP 欺骗攻击，攻击者首先要找到一台受信任的主机 IP 地址，然后修改数据包的信息头，使得该数据包好像来自于那台主机。

攻击者通过更改数据包偏移量和使用 Teardrop 程序发送不可重新正确组合起来的 IP 信息碎片，最终导致受害系统进行重新启动或异常终止。遭受了这种 Teardrop(泪滴)攻击之后，最好的解决办法就是重启计算机。

因为大多数网络应用程序利用纯文本格式发布网络数据包，所以数据包嗅探器可以向它的使用者提供有意义的通常也是敏感的信息，如用户的账户名称和密码，这就是数据包欺骗。数据包嗅探器也可以向攻击者提供只有询问数据库才能获得的信息，包括用于访问该数据库的用户账户名称和密码。

2．TCP 协议安全分析

常见的 TCP 协议攻击有 SYN 攻击和 Land 攻击。

TCP 序列号(SYN)攻击也称作 SYN 淹没，它是最流行的拒绝服务攻击的方式之一。它是利用 TCP 协议缺陷，发送大量伪造的 TCP 连接请求，从而使得被攻击方资源耗尽的攻击方式，如使 CPU 满负荷或内存不足。由于 TCP 协议连接三次握手的需要，在每个 TCP 建立连接时，都要发送一个带 SYN 标记的数据包，如果在服务器端发送应答包后，客户端不发出确认，服务器就会等待查到数据超时，如果大量带有 SYN 标记的数据包发送到服务器端后都没有应答，会使服务器端的 TCP 资源迅速枯竭，导致正常的连接不能进入，甚至会导致服务器系统崩溃。这就是 TCP 序列号(SYN)攻击的过程。

Land 攻击的原理比较简单，它利用 TCP 连接三次握手中的缺陷，打造了一个特别的 SYN 包，向目标主机发送源地址与目标地址相同的数据包，造成目标主机在解析 Land 包时占用过多的资源，从而使网络功能完全瘫痪。研究发现很多基于 BSD 的操作系统都有这个漏洞。收到此类攻击的 UNIX 系统将会崩溃，而受到攻击的 Windows 系统将会变得非常缓慢。

要防止 TCP 协议的攻击，就要保护好 TCP 的序列号，使得攻击者难以猜测攻击目标当前所使用的包的序列号。其主要方法如下。

(1) 提高序列号的更新速率，使主机在两个相差很短的时间里所使用的初始序列号差异很大，从而增加攻击者对序列号搜索的难度。

(2) 加强初始序列号产生的随机性，减少攻击者猜测到序列号的可能性。

(3) 加密序列号，使得攻击者无法获取序列号的值。

3．UDP 协议安全分析

由于 UDP 协议上既没有使用序列号又没有使用认证包分组的机制，因此基于协议之上的所有应用软件在任何情况下都是以主机网络地址作为认证手续。那么攻击者通过冒充内部用户的网络地址，然后再利用适当的应用软件就会很容易地伪造 UDP 包分组，所以在外露的系统中应避免使用 UDP 协议。典型的 UDP 攻击是 UDP Flood 攻击。UDP Flood 攻击通过伪造与某一台主机的 Chargen 服务之间的 UDP 连接，回复地址指向开着 Echo 服务的一台主机，这样就能在两台主机之间产生无用的数据流，如果数据流足够多就会导致拒绝服务攻击。

4．ICMP 协议安全分析

ICMP 协议依附于 1P 协议。ICMP 包封装在 IP 包中，ICMP 协议具有自己的数据格式，共有 15 种不同类型的 ICMP 包。攻击者常利用 ICMP 的不同类型的包进行攻击，主要攻击有 ICMP 拒绝服务攻击和 PING 淹没攻击。

ICMP 协议被 IP 层用于向一台主机发送单向的告知性消息。在 ICMP 协议中没有验证机制，这就导致了使用 ICMP 可以造成拒绝服务的攻击。ICMP 拒绝服务攻击主要使用 ICMP“时间超出”或“目标地址无法连接”的消息。这两种 ICMP 消息都会导致一台主机迅速放弃连接。攻击者只需伪造这些 ICMP 消息中的一条，并发送给通信中的两台主机或其中的一台，通信连接就会被切断。当一台主机错误地认为消息目标地址不在本地网络中的时候，网关通常会使用 ICMP“转向”消息，它就可以导致另外一台主机经过攻击者的主机向特定连接发送数据包。

PING 是 ICMP 最普遍的应用，它向某台主机发送出一条 ICMP“响应请求”，并等待该主机回复一条 ICMP“响应回复”的消息。攻击者只需向受害客户机中发送若干多条 ICMP“响应请求”的消息，就会导致受害客户机的系统瘫痪或速度减慢，这就是 PING 淹没(ICMP 淹没)攻击。这是一种简单的攻击方式，许多 PING 应用程序都支持这种操作，而且攻击者不需要掌握更多知识。

5．ARP 协议安全分析

通常，以太网利用 ARP 协议找出分配给 Internet 地址的以太网硬件地址，再产生适当的以太包分组。要做到这一点，需要将 ARP 分组以一种广播的形式发送到所有的网络用户。如果伪造的 ARP 分组也被产生出来寻找根本不存在的 IP 地址，这就会迅速导致网络的广播风暴。广播风暴将迅速充塞许多有用的传输带宽并使网络瘫痪。利用 ARP 协议缺陷实施的攻击称作 MITM 中间人攻击。ARP 协议的缺陷在于 ARP 协议以及 RARP 协议都没有对数据的发送方和接收方做任何的认证，这样在网络中可能会存在伪造的 ARP 和 RARP 数据包，导致中间人攻击发生的可能性。MITM 中间人攻击的具体做法是攻击者分别向源主机和目的主机发送伪造的 RARP 数据包以欺骗源主机和目的主机，使源主机和目的主机均认为攻击者主机是自己的通信方，这样攻击者就会成功获取他们传送的所有信息。

5.2　Internet 欺骗

Internet 欺骗是指攻击者通过伪造一些容易引起错觉的信息来诱导受骗者做出错误的、与安全有关的决策。电子欺骗是通过伪造源于一个可信任地址的数据包以使一台机器认证另一台机器的网络攻击手段。Internet 欺骗有 IP 电子欺骗、ARP 电子欺骗、DNS 电子欺骗和 Web 电子欺骗几种类型。

5.2.1 IP 电子欺骗

IP 电子欺骗(IP Spoof)攻击是指利用 TCP / IP 协议本身的缺陷进行的入侵，即用一台主机设备冒充另外一台主机的 IP 地址，与其他设备通信，从而达到某种目的的过程。它不是进攻的结果，而是进攻的手段，实际上是对两台主机之间信任关系的破坏。

IP 电子欺骗是攻击者攻克 Internet 防火墙系统最常用的方法，也是许多其他攻击方法的基础。IP 电子欺骗通过伪造某台主机的 IP 地址，使得某台主机能够伪装成另外一台主机，而这台主机往往具有某种特权或被其他的主机所信任。对于来自网络外部的 IP 电子欺骗，只要配置一下防火墙就可以了，但对同一网络内的其他机器实施的攻击则不易防范。

IP 电子欺骗是一种攻击方法，即使主机系统本身没有任何漏洞，入侵者仍然可以使用各种手段来达到攻击目的。这种欺骗是纯属技术性的，一般都是利用 TCP / IP 协议本身存在的一些缺陷。当然，进行这样的欺骗也是有一定难度的。

1. IP 电子欺骗原理

IP 协议是网络层面向无连接的协议，IP 数据包的主要内容由源 IP 地址、目的 IP 地址和所传数据构成。IP 的任务就是根据每个数据报文的目的地址和路由，完成报文从源地址到目的地址的传送。IP 不会考虑报文在传送过程中是否丢失或出现差错。IP 数据包只是根据数据报文中的目的地址发送，因此借助于高层协议的应用程序来伪造 IP 地址是比较容易实现的。

IP 电子欺骗是利用了主机之间的正常信任关系来发动的。例如，在 UNIX 主机中，存在着一种特殊的信任关系。假设有两台主机 A 和 B 上各有一个账户 Tomy。使用中会发现，在主机 A 上使用时要输入主机 A 上的相应账户 Tomy，在主机 B 上使用时必须输入主机 B 的账户 Tomy。主机 A 和主机 B 上的两个 Tomy 账户是两个互不相关的用户，这显然有些不便。为了减少这种不便，可以在主机 A 和主机 B 中建立起两个账户的相互信任关系。分别在主机 A 和主机 B 上 Tomy 的 home 目录中创建.rhosts 文件。在主机 A 的 home 目录中用相应的命令实现主机 A 与主机 B 的信任关系。这时，用户从主机 B 上就可以很方便地使用任何以 r 开头的远程调用命令了，如 rlogin、rsh、rcp 等，而无须输入口令验证就可以直接登录到主机 A 上。这些命令将允许以 IP 地址为基础的验证，允许或者拒绝以 IP 地址为基础的存取服务。这样的信任关系是基于 IP 的地址的。

假如某人能够冒充主机 B 的 IP 地址，就可以使用 rlogin 登录到主机 A，而不需任何口令验证。这就是 IP 电子欺骗的最根本的理论依据。但是，虽然可以通过编程的方法随意改变发出的数据包的 IP 地址，但 TCP 协议对 IP 进行了进一步的封装，它是一种相对可靠的协议，不会让黑客轻易得逞。

TCP 协议作为两台通信设备之间保证数据顺序传输的协议，是面向连接的，它需要在连接双方都同意的情况下才能进行通信。任何两台设备之间欲建立 TCP

连接都需要一个双方确认的起始过程，即“三次握手”。

由此我们可以想到，假如要冒充主机 B 对主机 A 进行攻击，就要先使用主机 B 的 IP 地址发送 SYN 标志给主机 A，但是主机 A 收到后，并不会把 SYN / ACK 发送到冒充者的主机上，而是发送到真正的主机 B 上。这时，因为主机 B 根本没发送 SYN 请求，冒充者的企图将会立即被揭穿。因此，要冒充主机 B，首先要让主机 B 失去工作能力，如利用 DoS 攻击，让主机 B 瘫痪。

2. IP 电子欺骗过程解析

IP 电子欺骗由若干个步骤组成。首先假定信任关系已经被发现，黑客为了进行 IP 电子欺骗，首先要使被信任关系的主机失去工作能力，同时利用目标主机发出的 TCP 序列号，猜测出它的数据序列号。然后，攻击者的主机伪装成被信任的主机，同时建立起与目标主机基于地址验证的应用连接。连接成功后，黑客就可以设置后门以便日后使用了。

为了伪装成被信任的主机而不露馅，需要使其完全失去工作能力。由于攻击者将要代替真正的被信任主机，他必须确保真正的被信任主机不能收到任何有效的网络数据，否则将会被揭穿。有许多方法可以达到这个目的(如 SYN 洪泛攻击等)。

对目标主机进行攻击，必须知道目标主机的数据包序列号。通常是先与被攻击主机的一个端口(如 25)建立起正常连接。这个过程往往被重复 n 次，并将目标主机最后所发送的初始序列号(ISN)存储起来。然后还需要估计他的主机与被信任主机之间的往返时间，这个时间是通过多次统计平均计算出来的。

一旦估计出 ISN 的大小，就开始着手进行攻击。当然，攻击者的虚假 TCP 数据包进入目标主机时，如果刚才估计的序列号是准确的，那么进入的数据就将被放置在目标主机的缓冲区中。但是在实际的攻击过程中往往不会这么容易得逞，如果估计的序列号小于正确值，那么该数据将被放弃；而如果估计的序列号大于正确值，并且在缓冲区的大小之内，那么该数据就会被认为是一个未来的数据，TCP 模块将等待其他的数据；如果估计的序列号大于期待的数字且不在缓冲区之内，TCP 将会放弃它并返回一个期望获得的数据序列号。

攻击者可伪装成被信任的主机 IP，然后向目标主机的 513 端口发送连接请求。目标主机立刻对连接请求做出反应，发送更新 SYN / ACK 确认包给被信任的主机。因为此时被信任的主机仍然处于瘫痪状态，所以它无法收到这个包。紧接着攻击者向目标主机发送 ACK 数据包，该包使用前面估计的序列号加 1。如果攻击者估计正确，目标主机将会接收该 ACK，连接就正式建立，可开始数据传输。如果达到这一步，一次完整的 IP 电子欺骗就算完成了。入侵者已经在目标主机上得到了一个 Shell，接下来就是利用系统的溢出或错误配置扩大权限。

IP 电子欺骗攻击的整个过程可简要概括为以下几个步骤。

(1) 使被信任主机的网络暂时瘫痪，以免对攻击造成干扰。

(2) 连接到目标主机的某个端口来猜测 ISN 基值和增加规律。

(3) 把源地址伪装成被信任的主机，发送带有 SYN 标志的数据段请求连接。

(4) 等待目标主机发送 SYN / ACK 包给已经瘫痪的主机。

(5) 再次伪装成被信任的主机向目标机发送 ACK，此时发送的数据段带有预测的目标主机的 ISN+1。

(6) 连接建立，发送命令请求。

3．IP 电子欺骗的预防

可采取如下措施预防 IP 电子欺骗。

(1) 抛弃基于地址的信任策略。阻止 IP 欺骗的简单方法是放弃以 IP 地址为基础的验证。不允许使用 r 类远程调用命令，删除 rhosts 和 / etc / hosts.equiv 文件，使所有用户使用其他远程通信手段。

(2) 进行包过滤。如果用户的网络是通过路由器接入 Internet 的，则可利用路由器进行包过滤。应保证只有用户网络内部的主机之间可以定义信任关系，而当内部主机与网外主机进行通信时要慎重处理。另外，使用路由器还可以过滤掉所有来自外部的与内部主机建立连接的请求，至少要对这些请求进行监视和验证。

(3) 使用加密方法。在通信时要求加密传输和验证，这也是一种预防 IP 欺骗的可行性方法。在有多种手段并存时，这种方法是最为合适的。

(4) 使用随机的初始序列号。随机地选取初始序列号可防止 IP 欺骗攻击。每一个连接都建立独立的序列号空间，这些序列号仍按以前的方式增加，但应使这些序列号空间中没有明显的规律，从而不容易被入侵者利用。

5.2.2 ARP 电子欺骗

ARP 协议是一种将 IP 地址转化成 MAC 地址的协议。它靠在内存中保存的一张转换表来使 IP 得以在网络上被目标主机应答。通常主机在发送一个 IP 包之前，需要到该转换表中寻找与 IP 包对应的 MAC 地址。如果没有找到，该主机就会发送一个 ARP 广播包去寻找，该转换表以外的对应 IP 地址的主机将响应该广播，应答其 MAC 地址。于是，主机刷新自己的 ARP 缓存，然后发出该 IP 包。

1．ARP 电子欺骗实例

ARP 电子欺骗就是一种更改 ARP Cache 的技术。Cache 中含有 IP 与 MAC 地址的对应表(映射信息)，如果攻击者更改了 ARP Cache 中 IP 的 MAC 地址，来自目标的响应数据包就能将信息发送到攻击者的 MAC 地址，因为依据映射信息，目标主机已经信任攻击者的机器了。

下面介绍一个在网络中实现 ARP 欺骗的例子。

一个攻击者想非法进入某台主机，他知道这台主机的防火墙只对 192.0.0.3 开放 23 号端口(Telnet)，而他必须要使用 Telnet 来进入这台主机，所以他将做如下操作。

(1) 研究 192.0.0.3 这台主机，发现如果他发送一个洪泛(Flood)包给 192.0.0.3 的 139 端口，该机器就会应包而死；

(2) 主机发送到 192.0.0.3 的 IP 包将无法被机器应答，系统开始更新自己的 ARP 对应表，将 192.0.0.3 的项目删去；

(3) 把自己的 IP 改成 192.0.0.3，再发一个 ping 命令给主机，要求主机更新 ARP 转换表；

(4) 主机找到该 IP，然后在 ARP 表中加入新的 IP—MAC 对应关系；

(5) 这样，防火墙就失效了，入侵的 IP 变成合法的 MAC 地址，就可以进行 Telnet 了。

假如该主机不仅提供 Telnet，还提供 r 命令(rsh、rcopy、rlogin 等)，那么所有的安全约定都将失效，攻击者可以放心地使用这台主机的资源而不用担心被记录什么。

上述操作就是一个 ARP 电子欺骗过程，这是在同网段发生的情况。利用交换式集线器或网桥是无法阻止 ARP 电子欺骗的，只有路由分段是有效的阻止手段，因为 IP 包必须经过路由转发。在有路由转发的情况下，发送包的 IP 主机的 ARP 对应表中，IP 的对应值是路由的 MAC 而非目标主机的 MAC。ARP 电子欺骗如配合 ICMP 欺骗将对网络造成极大的危害，从某种角度讲，这时入侵者可以跨过路由监听网络中任意两点的通信。

2. ARP 电子欺骗的防范

可采用如下措施防止 ARP 电子欺骗。

(1) 不要把网络的安全信任关系仅建立在 IP 基础上或 MAC 基础上，而是应该建立在 IP+MAC 基础上(即将 IP 和 MAC 两个地址绑定在一起)。

(2) 设置静态的 MAC 地址到 IP 地址对应表，不要让主机刷新设定好的转换表。

(3) 除非很有必要，否则停止使用 ARP，将 ARP 作为永久条目保存在对应表中。

(4) 使用 ARP 服务器，通过该服务器查找自己的 ARP 转换表来响应其他机器的 ARP 广播，确保这台 ARP 服务器不被攻击。

(5) 使用 proxy 代理 IP 的传输。

(6) 使用硬件屏蔽主机，设置好路由，确保 IP 地址能到达合法的路径。

(7) 管理员应定期从响应的 IP 包中获得一个 ARP 请求，然后检查 ARP 响应的真实性。

(8) 管理员要定期轮询，检查主机上的 ARP 缓存。

(9) 使用防火墙连续监控网络。

5.2.3 DNS 电子欺骗

DNS 是 TCP / IP 协议体系中的应用程序，其主要功能是进行域名和 IP 地址的转换，这种转换也称作解析。当攻击者危害 DNS 服务器并明确地更改主机名与 IP 地址映射表时，DNS 欺骗(DNS Spoofing)就会发生。这些更改被写入 DNS 服务器上的转换表中，因此当一个客户机请求查询时，用户只能得到这个更改后的地址。该地址是一个完全处于攻击者控制下的机器的 IP 地址。因为网络上的主机都信任 DNS 服务器，所以一个被破坏的 DNS 服务器可以将客户引导到非法的服务器上，也可以欺骗服务器使其相信一个 IP 地址确实属于一个被信任的客户。

1．DNS 的安全威胁

DNS 存在如下安全威胁。

(1) DNS 存在简单的远程缓冲区溢出攻击。

(2) DNS 存在拒绝服务攻击。

(3) 设置不当的 DNS 会泄露过多的网络拓扑结构。如果 DNS 服务器允许对任何机构都进行区域传输，那么整个网络中的主机名、IP 列表、路由器名、路由 IP 列表，甚至计算机所在位置等都可能会被轻易窃取。

(4) 利用被控制的 DNS 服务器入侵整个网络，破坏整个网络的安全。一个入侵者控制了 DNS 服务器后，他就可以随意地篡改 DNS 的记录信息，甚至使用这些被篡改的记录信息来达到进一步入侵整个网络的目的。

(5) 利用被控制的 DNS 服务器绕过防火墙等其他安全设备的控制。现在一般的网站都设置有防火墙，但由于 DNS 的特殊性，在 UNIX 机器上，DNS 需要的端口是 UDP 53 和 TCP 53，它们都需要使用 root 执行权限。因此，防火墙就很难控制对这些端口的访问，入侵者可以利用 DNS 的诸多漏洞获取 DNS 服务器的管理员权限。

(6) 如果内部网络设置不合理，例如 DNS 服务器的管理员密码和内部主机管理员密码一致，DNS 服务器和内部其他主机就处于同一网段，DNS 服务器就处于防火墙的可信任区域内，这就等于给入侵者提供了一个打开系统大门的捷径。

2．DNS 电子欺骗原理

在域名解析的整个过程中，客户端首先以特定的标识向 DNS 服务器发送域名查询数据报，在 DNS 服务器查询之后以相同的 ID 号向客户端发送域名响应数据报。这时，客户端会将收到的 DNS 响应数据报的 ID 和自己发送的查询数据报的 ID 相比较，若匹配则表明接收到的正是自己等待的数据报，如果不匹配，则将其丢弃。

假如入侵者伪装成 DNS 服务器提前向客户端发送响应数据报，那么客户端的 DNS 缓存中的域名所对应的 IP 就是它们自己定义的 IP，同时客户端也就被带入入侵者希望的地方。入侵者的欺骗条件只有一个，那就是发送的与 ID 匹配的 DNS 响应数据报在 DNS 服务器发送响应数据报之前到达客户端。这就是著名的 DNS ID 欺骗。

DNS 电子欺骗有以下两种情况。

(1) 本地主机与 DNS 服务器，本地主机与客户端主机均不在同一个局域网内。这时，黑客入侵的可能方法有两种：一种是向客户端主机随机发送大量的 DNS 响应数据报，另一种是向 DNS 服务器发起拒绝服务攻击和 BIND 漏洞。

(2) 本地主机至少与 DNS 服务器或客户端主机中的某一台处于同一个局域网内，可以通过 ARP 电子欺骗来实现可靠而稳定的 DNS ID 欺骗。

3. DNS 电子欺骗的防范

直接使用 IP 地址访问重要的服务，可以避开 DNS 对域名的解析过程，因此也就避开了 DNS 电子欺骗攻击。但最根本的解决办法还是加密所有对外的数据流，服务器应使用 SSH(Secure Shell)等具有加密功能的协议，一般用户则可使用 PGP 类软件加密所有发送到网络上的数据。

如果遇到 DNS 电子欺骗，应先断开本地连接，再启动本地连接，这样就可以清除 DNS 缓存。有一些例外情况不存在 DNS 电子欺骗：如果 IE 中使用代理服务器，那么 DNS 电子欺骗就不能进行，因为此时客户端并不会在本地进行域名请求；如果访问的不是本地的网站主页，而是相关子目录的文件，那么在自定义的网站上就不会找到相关的文件，DNS 电子欺骗也会以失败告终。

5.3 网站安全

网站安全是指对网站进行管理和控制，并采取一定的技术措施，从而确保在一个网站环境中信息数据的机密化、完整性及可用性受到有效的保护。网站安全的主要目标就是要确保经由网站传达的信息总能够在到达目的地时没有任何改变、丢失或被他人非法读取。要做到这一点，必须保证网站系统软件、数据库系统具有一定的安全保护功能，并保证网站部件如终端、数据链路等的功能不变且仅能被授权的人访问。

网站安全是在攻击与防范这一对矛盾相互作用的过程中发展起来的。新的攻击导致必须研究新的防护措施，新的防护措施又招致攻击者新的攻击，如此循环反复，网站安全技术也就在双方的争斗中逐步完善发展起来。

5.3.1 Web 概述

1. Web

Web 又称 World Wide Web(万维网)，它就像一张附着在 Internet 上的覆盖全球的信息“蜘蛛网”，镶嵌着无数以超文本形式存在的信息。它把 Internet 上现有的资源统统连接起来，使用户能在 Internet 上已经建立 Web 服务器的所有站点提供超文本媒体资源文档。

Web 是 Internet 中最受欢迎的一种多媒体信息服务系统。整个系统由 Web 服务器、浏览器和通信协议组成。通信协议 HTTP 能够传输任意类型的数据对象来满足 Web 服务器与客户之间多媒体通信的需要。Web 带来的是世界范围的超级文本服务。用户可通过 Internet 从世界各地调来所希望得到的文本、图像(包括活动影像)和声音等信息。另外， Web 还可提供其他的 Internet 服务，如 Telnet、FTP、Gopher 和 Usenet 等。

Web 的成功在于使用了超文本传输协议(HTTP)，制定了一套标准的、易为人们掌握的超文本标记语言(HTML)，使用了信息资源的统一定位格式 URL。我们可以把 Web 看作一个图书馆，而每一个网站就是这个图书馆中的一本书。每个网站都包含许多画面，进入该网站时显示的第一个画面就是“主页”或“首页”(相当于书的目录)，而同一个网站的其他画面都是“网页”(相当于书页)。

2. Web 服务器和浏览器

Internet 上有大量的 Web 服务器，这些 Web 服务器上汇集了大量的信息。Web 服务器就管理这些信息，并与 Web 浏览器打交道。Web 服务器处理来自 Web 浏览器的用户请求，并将满足用户要求的信息返回给客户。

Web 浏览器是客户阅读 Web 上信息的客户端软件。如果用户在本地机器上安装了 Web 浏览器软件，就可读取 Web 服务器上的信息。Web 浏览器将 Web 上的多媒体信息转换成人们可以看得到、听得见的文字、图形和声音。现在越来越多的浏览器都提供了插件型多媒体播放功能。常用的 Web 浏览器软件有很多，如 Internet Explorer(IE 浏览器)、火狐浏览器(Firefox)、腾讯 TT 浏览器、Opera 浏览器、猎豹浏览器、QQ 浏览器等。使用 Web 浏览器可在 Internet 上方便地浏览网页文件，这些网页文件包括文本、图像图形、语音等多媒体信息。

Web 最吸引人的地方是它的“简单性”，其工作过程也是 Client / Server 模式。信息资源以网页(HTML 文件)形式存储在 Web 服务器中，当用户希望得到某种信息时，要先与 Internet 建立连接(上网)，然后通过 Web 客户端程序(浏览器)向 Web 服务器发出请求。Web 服务器根据客户的请求给予响应，将在 Web 服务器中存放的、符合用户要求的某个网页发送给客户端，浏览器在收到该页面后对其进行解释，最终将图文等信息呈现给客户。这样，人们可以通过网页中的链接，方便地访问位于其他 Web 服务器中的页面或其他类型的网络信息资源。

5.3.2 网站的安全

1. Web 应用的安全威胁

Web 服务在为人们带来大量信息的同时，也面临着严峻的考验，即 Web 应用的安全性受到了极大的威胁。Web 应用面临的主要威胁有信息泄露、拒绝服务和系统崩溃。

(1) 信息泄露。攻击者可通过各种手段，非法访问 Web 服务器或浏览器，获取敏感信息；或中途截获 Web 服务器和浏览器之间传输的敏感信息；或由于系统配置、软件等原因无意泄露敏感信息。

(2) 拒绝服务。攻击者可在短时间内向目标机器发送大量的正常的请求包，并使目标机器维持相应的连接；或发送需要目标机器解析的大量无用的数据包，使得目标机器的资源耗尽，而无法响应正常的服务。

(3) 系统崩溃。攻击者可通过 Web 篡改、毁坏信息，篡改、删除关键性文件，格式化磁盘等使 Web 服务器或浏览器崩溃。

2. Web 服务器的安全

(1) Web 服务器的不安全因素。

Web 服务器上的漏洞可涉及以下几方面的因素。

1) 在 Web 服务器上存放有秘密文件、目录或重要数据，容易受到不法分子的觊觎。

2) 当远程用户向服务器发送信息，特别是信用卡之类的信息时，中途可能会遭不法分子非法拦截。

3) Web 服务器本身存在一些漏洞，使得一些人可能会侵入到主机系统，破坏一些重要的数据，甚至造成系统瘫痪。

4) 使用 CGI 脚本编写的程序，当涉及远程用户从浏览器中输入表格，并进行检索或在主机上直接操作命令时，可能会给 Web 主机系统造成危险。

因此，不管是配置服务器，还是编写 CGI 程序时都要注意系统的安全性，尽量堵住任何存在的漏洞，创造安全的环境。

(2) Web 服务器的安全需求。

1) 维护公布信息的真实性和完整性。

2) 维护 Web 服务的安全可用。

3) 保护 Web 访问者的隐私。

4) 保护 Web 服务器不被攻击者作为“跳板”。

(3) Web 服务器的安全措施。

1) 限制在 Web 服务器中开设账户，定期删除一些中断进程的用户；对在 Web 服务器开设的账户的口令长度及定期更改方面做出要求，防止账户被盗用。

2) 尽量与 FTP 服务器、E-mail 服务器等分开，关闭无关的应用。

3) 删除 Web 服务器上那些绝对不用的系统。

4) 定期查看服务器中的日志 logs 文件，分析一切可疑事件。

5) 设置好 Web 服务器上系统文件的权限和属性，对允许访问的文档分配一个公用的组(如 WWW 组)，并只分配它“只读”权限。把所有的 HTML 文件归属 WWW 组，由 Web 管理员管理 WWW 组。对于 Web 配置文件仅授予 Web 管理员有“写”权限。

6) 网站管理者应主动进行网站漏洞扫描，及时发现系统漏洞；时刻关注和应用官方发布的安全补丁堵塞 Bug。

7) 经常备份数据库等重要文件以免突发情况使重要资料难以恢复。

8) 提供详细的意外事件的处理预案，该预案应明确意外事件发生时需注意的事项和处理原则，甚至包括处理流程、应急小组的职责以及相关个人与安全急救组织的联系方式等。

3．Web 浏览器的安全

Web 浏览器可为客户提供一个简单实用且功能强大的图形化界面，使客户不必经过专业化训练即可在网络里漫游。但使用 Web 浏览器的客户可能会随时遇到安全问题。通常，Web 浏览器用户应做到如下安全保障。

(1) 确保运行浏览器的系统不被病毒或其他恶意程序侵害而被破坏。

(2) 确保客户的个人安全信息不外泄。

(3) 确保交互的站点的真实性，以免被欺骗，遭受损失。

4．Web 传输的安全

在 Internet 上，Web 服务器和 Web 浏览器之间的信息交换是通过数据包在 Internet 中传输实现的。这些传输过程的安全要求是很重要的，因为 Web 数据的传输过程直接影响着 Web 应用的安全。不同的 Web 应用对安全传输有不同的要求，通常应做到以下几点。

(1) 保证传输信息的真实性。

(2) 保证传输信息的完整性。

(3) 保证传输信息的机密性。

(4) 保证信息的不可否认性。

(5) 保证信息的不可重用性。

为了透明地解决 Web 应用的安全问题，最合适的入手点是浏览器。目前使用的绝大部分浏览器都支持 SSL 协议。在两个实体进行通信之前，先要建立 SSL 连接，以此实现对应用层透明的安全通信。利用 PKI(公钥基础设施)技术，SSL 协议允许在浏览器和服务器之间进行保密通信。此外，还可以利用数字证书保证通信安全，服务器端和浏览器端分别由可信的第三方颁发数字证书。这样，在交易时双方可以通过数字证书确认对方的身份。需要注意的是，SSL 协议本身并不能提供对不可否认性的支持，这部分工作必须由数字证书完成。结合 SSL 协议与数字证书，PKI 技术可以保证 Web 交易多方面的安全需求，使 Web 上的交易同面对面的交易一样安全。

5.3.3 Web 电子欺骗与防范

1. Web 电子欺骗攻击

Web 电子欺骗就是一种网络欺骗，攻击者构建的虚拟网站就像真实的站点一样，有同样的链接和页面。攻击者切断从被攻击者主机到目标服务器之间的正常连接，建立一条从被攻击者主机到攻击者主机，再到目标服务器的连接。实际上，被欺骗的所有浏览器用户与这些伪装页面的交互过程都受到攻击者的控制。虽然这种攻击不会直接造成计算机的软、硬件损坏，但它所带来的损失也是不可忽视的。通过攻击者的计算机，被攻击者的一切信息都会一览无余。攻击者可以轻而易举地得到合法用户输入的用户名、密码等敏感资料，且不会使用户主机出现死机、重启等现象，用户不易觉察。这也是 Web 电子欺骗最危险的地方。

Web 电子欺骗可使攻击者创建整个 WWW 的副本。映像 Web 的入口进入到攻击者的 Web 服务器，经过攻击者主机的过滤后，攻击者可以监控合法用户的任何活动，窥视用户的所有信息。攻击者也能以合法用户的身份将错误的数据发送到真正的 Web 服务器上，还能以 Web 服务器的身份发送数据给被攻击者。总之，如果攻击成功，攻击者就能观察和控制合法用户在 Web 上做的每一件事。

Web 电子欺骗有时看起来就像是一场虚拟游戏。如果该虚拟世界是真实的，那么用户所做的一切都是没什么大问题的。但攻击者往往都有险恶的用意，这个逼真的环境可能会给用户带来灾难性的损失。

攻击者利用 Web 功能进行欺骗攻击，很容易侵害 Web 用户的隐私和数据完整性。这种入侵可在现有的系统上实现，危害 Web 浏览器用户。

用户如果仔细观察，也会发现一些迹象。例如在浏览某个网站时，如果速度明显变慢并出现一些其他的异常现象，就要留心这是否潜藏着危险。可以将鼠标移到网页中的一条超级链接上，查看状态行中的地址是否与要访问的地址一致，或者直接查看地址栏中的地址是否正确。还可以查看网页的源代码，如果发现代码的地址被改动了，即可初步判定是受到了攻击。

2. Web 电子欺骗原理

Web 电子欺骗是一种电子信息欺骗，攻击者创建了一个完全错误的但却似令人信服的 Web 副本，这个错误的 Web 看起来十分逼真，它拥有大家熟悉的网页和链接。然而攻击者控制着虚假的 Web 站点，造成被攻击者的浏览器和 Web 之间的所有网络信息都被攻击者所截获。

攻击者可以观察或修改任何从被攻击者到 Web 服务器的信息，也能控制从 Web 服务器返回用户主机的数据，这样，攻击者就能自由地选择发起攻击的方式。

由于攻击者可监视合法用户的网络信息，记录他们访问的网页和内容，所以用户填写完一个表单并提交后，这些应被传送到服务器的数据，先被攻击者得到并被处理。Web 服务器返回给用户的信息，也先由攻击者经手。绝大部分的在线企业都使用表单来处理业务，这意味着攻击者可轻易地获得用户的账号和密码。在得到必要的数据后，攻击者可通过修改被攻击者和 Web 服务器间传输的数据，来进行破坏活动。攻击者可修改用户的确认数据，例如用户在线订购某个产品时，攻击者可以修改产品代码、数量及邮购地址等。攻击者也能修改 Web 服务器返回的数据，插入错误的资料，破坏用户与在线企业的关系等。

攻击者在进行 Web 电子欺骗时，不必存取整个 Web 上的内容，只需要伪造出一条通向整个 Web 的链路。在攻击者伪造提供某个 Web 站点时，只需要在自己的服务器上建立一个该站点的副本，来等待受害者“自投罗网”。

Web 电子欺骗成功的关键在于用户与其他 Web 服务器之间建立 Web 电子欺骗服务器。攻击者在进行 Web 电子欺骗时，一般会采取改写 URL、表单陷阱、不安全的“安全链接”和诱骗等方法。

攻击者的这些 Web 电子欺骗之所以成功，是因为攻击者在某些 Web 网页上改写所有与目标 Web 站点有关的链接，使得不能指向真正的 Web 服务器，而是指向攻击者设置的伪服务器。攻击者的伪服务器设置在受骗用户与目标 Web 服务的必经之路上。当用户点击这些链接时，首先指向了伪服务器。攻击者向真正的服务器索取用户所需的界面，在获得 Web 送来的页面后，伪服务器改写链接并加入伪装代码，再将页面送给被欺骗的浏览器用户。

3. Web 电子欺骗的预防

Web 电子欺骗攻击是 Internet 上相当危险且不易被觉察的欺骗手法，其危害性很大，受骗用户可能会在不知不觉中泄露机密信息，还可能遭受经济损失。采用如下措施可防范 Web 电子欺骗。

(1) 在欺骗页面上，用户可通过使用收藏夹功能，或使用浏览器中的 Open Location 变换到其他 Web 页面下，这样就能远离攻击者设下的陷阱。

(2) 禁止浏览器中的 Java Script 功能，使攻击者改写页面上信息的难度加大。同时确保浏览器的连接状态栏是可见的，并时刻观察状态栏中显示的位置信息有无异常。

(3) 改变浏览器设置，使之具有反映真实 URL 信息的功能。

(4) 通过真正安全的链接建立从 Web 到浏览器的会话进程，而不只是表示一种安全链接状态。

5.4　电子邮件安全

电子邮件(E-mail)是一种用电子手段提供信息交换的通信方式，是互联网应用最广泛的服务之一。常用的电子邮件协议有 SMTP 协议和 POP3 协议，它们都属于 TCP / IP 协议集。默认状态下，分别通过 TCP 端口 25 和 110 建立连接。

SMTP 协议是一组用于从源地址到目的地址传输邮件的规范，用来控制邮件的中转方式。SMTP 协议要求用户使用 SMTP 认证，用户只有在提供了账户名和密码之后才可以登录 SMTP 服务器，使用户避免受到垃圾邮件的侵扰。

POP 协议负责从邮件服务器中检索电子邮件。POP 协议支持多用户互联网邮件扩展，允许用户在电子邮件上附带二进制文件，可以传输任何格式的文件。在用户阅读邮件时，POP 命令所有的邮件信息立即下载到用户的终端设备上而不在服务器上保留。

5.4.1 电子邮件的安全漏洞和威胁

电子邮件系统存在很多漏洞，这些漏洞很容易受到黑客的攻击。邮件攻击成为黑客渗透内部网络系统的重要方法。E-mail 系统存在如下安全漏洞。

(1) 邮件用户账号的弱口令。

(2) 邮件服务器泄露用户的账号信息。

(3) 邮件服务器允许随意转发。

(4) 邮件服务器的中继没有限制。

(5) 邮件服务器没有过滤功能。

(6) 邮件服务器无法完全识别恶意数据。

(7) 发送邮件地址不进行确认。

(8) 邮件服务器编码漏洞。

(9) 邮件明文传输，未经加密处理。

(10) 发件人身份无须验证和授权。

(11) 邮件客户程序的非安全触发机制。

邮件服务器的各种漏洞使得电子邮件面临以下几种典型的安全威胁。

1) 邮件拒绝服务。攻击者通过某些手段，如电子邮件炸弹，以来历不明的邮件地址，重复地将电子邮件发送给同一个收信人。这种以重复的信息不断地进行电子邮件轰炸的操作，可以消耗大量的网络资源，同时使得用户邮箱存储资源的需求剧增，造成邮箱无法使用。

2) 非法利用邮件软件的漏洞。攻击者利用邮件软件程序的漏洞夹攻击网站，特别是一些具有缓冲区溢出漏洞的程序。攻击者编写一些漏洞利用程序，使得邮件服务失去控制，一旦缓冲区溢出成功，攻击者就可以执行其恶意指令。目前，邮件成为渗透内网的重要攻击渠道。

3) 邮件密码的暴力破解。攻击者通过邮件密码猜测程序暴力破解用户邮箱的密码。

4) 用户邮箱地址泄露。攻击者利用邮件服务管理配置的漏洞，造成远程用户可以验证邮件地址的真实性以及获取用户电子邮件地址列表。

5) 非法监听邮件通信内容。一般情况下邮件服务使用的 SMTP 和 POP3 协议是明文传输的，攻击者可以通过监听手段获取邮件用户之间的通信内容。

6) 邮件恶意代码。攻击者通过电子邮件的附件携带恶意代码，如病毒、木马或蠕虫，然后诱骗用户触发执行，甚至利用邮件客户端软件的漏洞直接运行，进而控制用户机器，传播病毒或进行其他目的的攻击。

5.4.2 电子邮件欺骗

1．匿名转发

在正常的情况下，发送电子邮件都会将发送者的名字和地址包含进邮件的附加信息中。但是，有时发送者将邮件发送出去后不希望收件者知道是谁发的，因此可以修改附加信息中的名字和地址。这种发送邮件的方法被称为匿名转发。

实现匿名转发的一种最简单的方法就是修改电子邮件中发送者的名字。但这是一种表面现象，因为通过信息表头中的其他信息，仍能够跟踪发送者。而让发信者地址完全不出现在邮件中的唯一方法是让其他人发送这个邮件，邮件中发信人的地址就变成了转发者的地址了。

Internet 上有大量的匿名转发者(或称为匿名服务器)，发送者将邮件发送给匿名转发者，并告诉这个邮件希望发送给谁。该匿名转发者删去所有的返回地址信息，再将邮件转发给真正的收件人，并将自己的地址作为返回地址插入到邮件中。

2．垃圾邮件

垃圾邮件，顾名思义就是不请自来的、大量散发的、对接收者无用的邮件。垃圾邮件是未经收件者同意，即大量散发的邮件，信件内容多半以促销商品为目的。它们可能是某些有商业企图的人想利用 Internet 散播广告或色情信息的媒介。

传送垃圾邮件只需付出极少的代价，即可造成收件者的重大损失。假设一个人在每个星期都收到几十封垃圾邮件，该用户遭受的损失或许不会立即显现，但若企业内每个人都收到此类信件时，这对企业网络环境的影响就不仅仅是一件麻烦事了。这些垃圾邮件对企业无任何益处，但是邮件服务器却要承担这些邮件的处理和转发工作。CPU、服务器硬盘空间、终端机用户硬盘空间都因此受到了影响。网络资源被这些毫无价值的信件利用来分类、储存和寄发，而那些真正对接收者有用的、含有重大商机的邮件却被淹没在垃圾邮件中。垃圾邮件除了浪费网络资源外，更令人担心的是其附件文件可能夹带着病毒，这些病毒将会危害企业网络。附件网址可能附加 Java 或 ActiveX 等恶性程序，许多特洛伊木马病毒就会借此大量扩散。可以想象，如果让这些未经许可的垃圾邮件继续为所欲为，将会给企业造成重大的损失。

3．电子邮件炸弹

电子邮件炸弹是指发送者以来历不明的邮件地址，重复地将电子邮件发送给同一个收信人。由于这就像战争中利用某种战争工具对同一个地方进行狂轰滥炸一样，因此将其称为电子邮件炸弹。电子邮件炸弹是最古老的匿名攻击之一。

电子邮件炸弹可以消耗大量的网络资源。用户如果在短时间内收到大量的电子邮件，总容量将超过用户电子邮箱所能承受的负荷。这样，用户的邮箱不仅不能再接收其他人发送的电子邮件，也会由于“超载”而导致用户端的电子邮件系统功能瘫痪。

有些用户可能会想到利用电子邮件的回复和转发功能还击，将整个炸弹“回复”给发送者。但如果对方将邮件的 From 和 To 都改为用户的电子邮件地址，那么可想而知这种“回复”的后果就是所还击的“炸弹”都会“反弹”回来“炸”着了自己。如果邮件服务器接收到大量的重复信息和“反弹”信息，邮件总容量就会迅速膨胀。邮件服务器忙于处理超大容量的信息，有可能会导致邮件服务器脱网，系统可能崩溃。即使邮件系统还能工作，电子邮件处理的速度也会变得非常迟钝。

用户无法知道自己何时会遭遇电子邮件炸弹的袭击，因此，平时采取相应的防范措施是很必要的。比较有效的防范电子邮件炸弹的策略是采取防火墙或过滤路由器系统，这些系统可阻止恶意信息的传播。

4．冒名顶替

由于普通的电子邮件缺乏安全认证，所以冒充别人发送邮件并不是难事。曾经假借某某公司发送中奖信息的电子邮件就使很多人遭受损失。要防止他人冒充用户的名义发送邮件，可以采用数字证书发送签名 / 加密邮件，这种方式已经被证明是解决邮件安全问题的有效策略。

5.4.3 电子邮件的安全策略

1．电子邮件的安全服务需求

作为 Internet 传递消息的重要工具，人们希望电子邮件系统能够提供安全的服务。具体的电子邮件的安全服务需求可归纳如下。

(1) 保证邮件机密性。只有真正的收件者才能阅读邮件，且邮件是保密的。

(2) 进行邮件发送者身份认证。邮件服务能够向接收者保证发送者身份的真实性。

(3) 保证邮件完整性。邮件消息在传递过程中没有被修改过。

(4) 提供抗抵赖性安全服务。邮件系统能够提供邮件发送证据和邮件接收证据。

(5) 邮件系统可防泄露。邮件系统能够保证具有某种安全级别的信息不会泄露到特定区域的能力，能够防止系统管理员非授权阅读邮件。

(6) 邮件系统可防黑客。邮件系统能够阻止黑客攻击，保证邮件系统可用，防范非授权读取邮件。

(7) 邮件系统可防垃圾信息。邮件系统能够阻止垃圾邮件进入用户信箱，保证信箱的可用性。

(8) 邮件系统可防病毒。邮件系统能够阻止病毒传播，防止病毒破坏用户机器或网络系统。

2．电子邮件的安全机制

针对电子邮件的漏洞和安全威胁，需要有相对应的安全机制来解决邮件系统安全服务的问题。具体的电子邮件安全机制如下。

(1) 邮件服务认证机制。

(2) 邮件服务访问控制机制。

(3) 邮件服务日志审计机制。

(4) 邮件过滤机制。

(5) 邮件行为识别机制。

(6) 邮件备份机制。

(7) 邮件加密保护机制。

(8) 邮件病毒防护机制。

(9) 操作系统安全机制。

3．电子邮件安全技术

为保证电子邮件的安全传输与接收，除了采用本书前面介绍的各种网络安全技术，如访问控制技术、数据备份技术、信息过滤技术、防火墙安全技术、数据加密与身份认证技术、防病毒技术、防黑客攻击技术、网络监听和扫描技术等外，从 Internet 的互联通信协议 TCP / IP 层次角度考虑，还可以采用如下两类安全技术。

(1) 应用层的安全电子邮件技术。

应用层的安全电子邮件技术可保证邮件从被发出到被接收的整个过程中内容保密、信息完整且不可否认。成熟的应用层安全电子邮件标准有 PGP 和 S / MIME。

PGP 是长期以来在世界范围内得到广泛应用的安全邮件标准，其原理是通过单向散列算法对邮件内容进行签名，以保证信件内容无法修改，使用公钥和私钥技术保证邮件内容保密且不可否认。发信人与收信人的公钥都分布在公开的地方(如 FTP 站点)，公钥本身的权威性由第三方特别是收信人所熟悉或信任的第三方进行签名认证。

S / MIME(安全 / 多用途 Internet 邮件扩展)同 PGP 一样，也是利用单向散列算法和公钥 / 私钥的加密体系。S / MIME 将信件内容加密签名后作为特殊的附件传送。S / MIME 的证书也采用 X.509 格式。

(2) 传输层的安全电子邮件技术。

电子邮件包括信头和信体。通常的端到端安全电子邮件技术一般只对信体进行加密和签名，而信头则由于邮件传输中寻址和路由的需要，必须保证不变。在某些应用环境下要求信头在传输过程中也能保密，这就需要传输层的技术作为后盾。主要有两种方式来实现电子邮件在传输过程中的安全，一种是利用 SSL SMTP 和 SSL POP，另一种是利用 VPN 或其他的 IP 通道技术，将所有的 TCP / IP 传输(包括电子邮件)封装起来。

SSL SMTP 和 SSL POP 即是在 SSL 所建立的安全传输通道上运行 SMTP 和 POP 协议，同时又对这两种协议进行了扩展，以更好地支持加密的认证和传输。这种安全技术要求在客户端和服务器端的 E-mail 软件都支持，而且都必须安装 SSL 证书。

5.5 电子商务安全

Internet 已成为全球规模最大、信息资源最丰富的计算机网络，利用它组成的企业内部专用网 Intranet 和企业间的外联网 Extranet，也已经得到广泛的应用。互联网所具有的开放性、全球化、低成本和高效率的特点也已成为电子商务的内在特征，并使得电子商务大大超越了作为一种新的贸易形式所具有的价值。它不仅改变了企业自身的生产、经营和管理活动，而且还将影响到整个社会的经济运行结构。

5.5.1 电子商务概述

电子商务是以互联网为基础进行的商务活动，它通过电子方式处理和传递数据，是商务活动的电子化运用。它通过互联网进行包括政府、商业、教育、保健和娱乐等活动。与传统商务相比，电子商务在三方面有了新的内涵和突破：一是交易的内容(电子商务信息流在很大程度上取代了物流和资金流)，二是交易的场景(电子商务网络的虚拟交易取代了面对面的交易)，三是交易的工具(电子商务中无纸化交易取代了手工的币货交易)。电子商务是一种现代商业方法，这种方法通过改善产品和服务质量、提高服务传递速度，满足政府组织、厂商和消费者的最低成本的需求；电子商务利用现有的计算机设备和网络设施，在通过一定的协议连接起来的电子网络环境下进行各种各样商务活动。

电子商务归根结底是商务的电子化。从广义方面讲，电子商务是指通过电子手段建立的一个新的经济秩序，它不仅涉及电子技术和商业交易本身，还涉及诸如政治、金融、税务及法律等社会其他方面；从狭义方面讲，电子商务是指各种具有商业活动能力和需要的实体(如政府机构、金融机构等)利用计算机网络和先进的数字化传媒技术进行的各项商贸活动。

随着经济全球化的进一步深入和互联网技术的飞速发展，电子商务已成为一切经济活动不可或缺的组成元素，其发展前景十分诱人。特别是在中国，目前电子商务发展十分迅速，互联网上的电商平台多如牛毛，很多商务实体店被逼关门休店，其中不乏原来很著名的百货公司。截至 2018 年 12 月，中国网民(中国 Internet 用户)规模达到 8.29 亿，互联网普及率达到 59.6%，如图 5.5.1 所示。网络应用的一个重要方式就是在线购物，网民不出家门便可逛遍世界，衣食住行所需都可以在网络上解决。每年的双十一、双十二、国庆节、春节假期等都是中国网购一族血拼的季节，淘宝、京东、1 号店等著名在线购物平台的销售额高峰时以百亿元计，远远高于实体百货商店。2018 年我国参与网络购物的用户达到 6.10 亿，网民使用率为 73.6%，较 2017 年底增长 14.4%，其中手机网络购物用户达到 5.92 亿；较 2017 年底增长 17.1%。我国手机网络支付用户规模达 5.83 亿，年增长率为 10.7%，手机网民使用率达 71.4%。线下网络支付使用习惯持续巩固，网民在线下消费时使用手机网络支付的比例由 2017 年底的 65.5%提升至 67.2%。

图 5.5.1　中国网民规模及互联网普及率

5.5.2 电子商务的安全威胁

电子商务是随着互联网不断发展而出现的新经济形态，已经成为互联网上最有潜力的应用方向。在互联网迅猛发展的同时，互联网“开放、自由”的价值观所导致的网络安全和网络信任威胁却始终存在，而完全依赖互联网发展和运行的电子商务也逃脱不了安全威胁。世界各地的电子商务都面临着极大的安全隐患，如 2012 年，亚马逊旗下的电子商务网站 Zappos 受到黑客的攻击，导致高达 2400 万用户的电子邮件以及密码信息丢失；2012 年，雅虎服务器被攻击，导致 45.3 万份用户信息泄露。由此可见，电子商务安全形势极为严峻。

1. 电子商务的不安全因素

(1) 互联网上的用户环境复杂多样。用户终端系统面临安全漏洞、恶意程序等风险，为攻击者提供可乘之机，攻击者借助已知的信息或未知的缺陷，向计算机发动攻击，加之用户浏览恶意网站、下载恶意程序，导致计算机遭受木马、蠕虫等恶意代码软件及计算机病毒的侵扰，这对于网络终端系统而言可谓是危机重重，使得安全问题无法得到保障。

(2) 网络设备破坏严重，服务器被恶意攻击。除了用户环境外，大量的电子商务数据存放在服务器端，因而更会成为黑客等非法攻击的目标。对于正在实施交易的服务器而言，他们经常会遭到攻击者的恶意破坏，如 DDoS 攻击，用户难以防范，导致交易不能正常进行，在很长一段时间内不能恢复正常。如果服务器端没有有效的防攻击手段，攻击者会通过服务器的漏洞或软件程序缺陷，攻击服务器，盗取服务器、数据库口令，截取用户机密信息，让用户蒙受损失。服务器上的数据库中有电子商务活动过程中的一些保密数据，服务器特别容易受到安全的威胁，并且一旦出现安全问题，造成的后果是非常严重的。

(3) 数据在网络上传递的过程中存在泄露风险。由于交易过程中需要在互联网上传递交易行为数据，因此数据在网络上传递的过程中也存在着广泛的风险。攻击者在网络上可谓是无孔不入，他们通过多种手段，如窃听、重放、流量分析等，截取用户信息，然后再利用自身分析所得的数据信息，使用户遭受巨大的经济损失，这也在某种程度上无法保障数据保密性。电子商务和经济行为直接相关，因此其所面临的上述安全威胁所造成的损害又远比普通门户网站、娱乐网站等严重得多，必须采取有效的措施防范安全威胁。

(4) 网络系统内在和外在因素的影响。系统内部工作人员的失误和误操作问题，病毒和木马等恶意代码的入侵问题，黑客、攻击者的蓄意窃取和破坏问题，交易协议的不安全问题，交易数据的泄露、改变问题，交易方身份的不确定问题等，都可能对电子商务活动造成不良的后果。

2．电子商务的安全威胁

(1) 信息泄露、被截收。在信息的传送过程中，如果信息没有采用加密保护措施或加密强度不够，攻击者就有可能通过物理或逻辑的手段，对传输的信息进行非法截收和监听，或通过对信息流量和流向等参数的分析，提取有用信息，例如在 Internet 上窃取消费者的银行账号和密码等。电子商务中的信息泄露则是商业机密的泄露。

(2) 信息被篡改、破坏。电子商务的交易信息在网络上传输的过程中，攻击者可能会通过各种技术手段和方法对信息进行修改、删除或多次使用；由于网络的硬件或软件本身出现问题而导致交易信息丢失或错误；网络系统本身遭到一些恶意程序的破坏，如病毒破坏、黑客入侵等，这样就使信息被篡改或破坏，失去了其真实性和完整性。

(3) 身份假冒。由于电子商务的实现需要借助于虚拟的网络平台，而在这个交易平台上，双方是不需要见面的，所以就带来了交易双方身份的不确定性。如果没有进行身份认证而进行交易，攻击者就可以通过非法手段盗用合法用户的身份资料，假冒合法用户与他人交易，或发送虚假信息，从而获得非法利益。身份假冒的主要表现有冒充他人身份、冒充他人消费、为他人栽赃、使用欺诈邮件和虚假网页等。

(4) 交易抵赖。电子商务是在网上通过电子化方式进行交易的，这就容易造成交易抵赖。交易抵赖包括诸如发信者事后否认曾经发送过某条信息、收信者事后否认曾经收到过某方面的消息，或是购买者不承认自己的订货单，商家因价格差异而否认原有的交易等。

(5) 其他安全威胁。电子商务的安全威胁种类繁多，来自各种可能的潜在方面，有蓄意而为的，也有无意造成的。同时电子交易也衍生了一系列法律问题，如网络交易纠纷的仲裁、网络交易契约的签订等问题。还有诸如操作人员不慎泄露信息、废弃的存储媒体导致信息泄露等均可对网上交易造成不同程度的危害。

5.5.3 电子商务的安全对策

电子商务通常是指在全球各地广泛的商业贸易活动中，在开放的网络环境下，基于浏览器 / 服务器应用方式，在买卖双方不谋面的情况下进行的各种商贸活动，实现消费者的网上购物、商户之间的网上交易和在线电子支付以及各种商务活动、交易活动、金融活动和相关的综合服务活动。

1. 电子商务的安全要素

电子商务交易的安全紧紧围绕传统商务在互联网上应用时产生的各种安全问题，在计算机网络安全的基础上，实现电子商务的安全要素，即信息的保密性、完整性，身份的可确定性和交易的不可否认性，则可保障电子商务过程的顺利进行。

(1) 保密性。电子商务是建立在一个较为开放的网络环境上的，交易中的商务信息均有保密的要求，维护商业机密是电子商务全面推广应用的重要保障，因此要预防非法的信息存取和信息在传输过程中被非法窃取。实现信息保密性直接有效的方法是采用数据加密手段。

(2) 完整性。交易各方的信息和文档均是不可被修改的，否则必然会损害各方的商业利益。数据输入时的意外差错或数据传输过程中的丢失、重复或传送次序变化或攻击者的恶意欺诈等，均可能导致交易各方信息和文档的变化。因此要防止交易过程中交易信息和文档的丢失或改变，可采取加密和数字签名技术保证信息的完整性。

(3) 身份的可确定性。网上交易的各方很可能素昧平生，相隔千里。要使交易成功，必须要能确认交易各方身份的真实性、合法性。因此准确而可靠地确认交易各方的真实身份是交易的前提。采用数字签名、数字证书、CA 认证等方法可确定交易各方身份的真实性。

(4) 不可否认性。由于商情的千变万化，交易一旦达成是不能被否认的，否则必然会损害一方的利益。因此电子交易通信过程的各个环节都必须是不可否认的。确定要进行交易的各方正是进行交易所期望的人是保证电子商务顺利进行的关键，这就要求在交易进行时，交易各方必须附带含有自身特征、无法由别人复制的信息，以保证交易后发生纠纷时有所对证。同时，还要保证交易各方不能对交易过程中自己所做的事予以否认(抵赖)，对出现否认事件时要有充分的证据由公正的第三方做出正确的仲裁。采用数字签名、信息摘要、数字时间戳等方法可保证交易方的假冒行为和交易事件的不可抵赖性。

2. 电子商务安全策略

电子商务安全是保护在公开网络上进行的商务活动的安全，即在网络安全的基础上，保障商务交易的过程能够顺利进行，实现电子商务数据的保密性、完整性、信息和身份的可认证性和交易的不可抵赖性。下面从网络安全防御、网络信任体系和网络管理及法规建设等方面提出相对有效的策略，以此保障电子商务交易的安全性。

(1) 健全网络安全防御体系建设，创建安全的交易环境。

电子商务交易面临各种各样的安全挑战，采取建立健全电子商务各个环节的安全防御体系，减轻或化解电子商务交易过程中的安全风险。

1) 为了保障网络交易的安全性，可利用防火墙自身的功能性，对内、外网络实施隔离，构建安全屏障；

2) 运用代理技术形成缓冲，借助前置服务器，分担电子商务的交易风险；

3) 运用访问控制技术阻挡非法用户访问，同时设置严格的访问权限；

4) 采取 VPN、SSL、SET 等安全技术进行电子交易；

5) 借助 EDI 或电子支付，提高网络交易的安全性；

6) 利用入侵检测技术和安全策略，降低对网络的威胁；

7) 强化网络拓扑结构，改进网络协议，降低网络交易被恶意攻击的风险。

(2) 基于密码技术实现网络信任体系，构建主动安全的防护体系。

基于密码技术，系统规划和建设网络层面的网络信任体系，加强互联网的主动安全防护能力。网络信任体系实现的核心技术是密码技术(包括对称密钥加密体制和公开密钥加密体制)，采用国家商用密码管理部门认可的密码算法，实现基于加密技术的交易信息的保密性和完整性，以及对交易数据的加密传输和加密存储，从而极大地降低网络交易信息外泄和变化的风险，确保数据在传输过程中的机密性和完整性；实现基于认证技术的身份认证和数字签名，确保电子商务交易各方身份的真实性和不可否认性。网络信任体系的实现，使得参与电子商务的各方在一个统一安全可信的平台上开展业务，从而从系统层面上保障交易的顺利进行。

(3) 完善管理和制度建设，强化法律监督。

管理和技术向来都是网络安全问题的一体两面，在加大技术手段的同时，必须加大电子商务交易领域的管理制度和法律法规的建设，建立良好的电子商务发展环境，并确保管理制度和法律法规的有效落实和监督执行。

1) 对电子商务交易的参与机构和个人进行统一的资源管理，为实名化的电子交易奠定可信的管理基础。

2) 实行严格的认证上网机制，无论基于何种行为，网络上任何动作的前提都是必须要通过网络信任体系的统一身份认证，防止匿名攻击、伪造身份等现象。

3) 实现严格的授权通行和访问控制机制，所有交易过程中的行为必须是经过明确授权的，并且在行为的实施过程中能够依法依规鉴权，从而杜绝非法访问、未授权行为的出现。

4) 建立全网行为的可信记录和追溯机制，所有交易过程中的行为都由网络信任体系进行可信记录，并提供事后追溯查询和认定服务，确保发生安全事件后，能够追溯到具体的行为人、行为时间、安全地点等。

5) 要求网络系统管理员要充分利用各种先进的安全技术，如访问控制技术、防火墙技术、安全审计技术、系统漏洞扫描技术、入侵检测技术和安全管理技术，在用户、病毒、黑客与系统受保护的资源间建立多道严密的安全防线，加强无意或恶意攻击的难度，增加审核信息的数量等措施，确保电子商务交易环境的安全。

6) 加强对电子商务参与各方的安全教育，规范参与各方的行为。要求参与机构承担起保障电子商务安全的主要职责，要求用户必须提高自身的安全防范意识和风险意识，从根本上杜绝可能出现的安全风险。

7) 制定与电子商务安全交易相关的法律法规，以此保护电子商务交易，规范交易行为，为电子商务提供相对安全的网络环境。

3. 电子商务的安全技术

利用密码技术及其衍生技术(如数据加密技术、数字签名、数字证书、CA 认证、数字摘要、数字时间戳和 VPN 技术等)对电子商务交易过程中的交易信息和交易各方实施加密和认证管理，可保证交易数据的保密性和完整性，保证交易各方身份信息的保密性和合法性，保证交易各方对其所作所为不能否认和抵赖。

利用网络实体安全技术、访问控制技术、防火墙技术、扫描和监听技术、入侵检测技术、防病毒技术、黑客跟踪技术、安全审计技术等网络安全技术在网络系统中建立多道安全防线，检测并发现非法用户和入侵者(如攻击者、黑客、病毒、木马)的各种行为，并及时防范和清除其影响，以保护电子商务的交易环境和资源的安全，保证电子商务交易的顺利进行。

电子商务的发展无可限量，安全问题也将始终与之相伴，为进一步促进我国电子商务的健康有序发展，必须有效地运用技术和法律这两个有力的工具，去解决在实际应用中出现的各种问题，为我国电子商务又好又快的发展保驾护航。

第6章 无线网络安全

无线技术与网络技术的融合提供了即时通信和永久在线的可能性，其发展前景也是很乐观的。随着移动电话、个人数字助理(PDA)、笔记本电脑等各种便携式终端的迅速发展，为移动设备提供支撑环境、采用无线链路实现数据通信的无线网络技术也得到了快速发展。无线网络在为用户提供便利的同时，也为基于无线链路和智能移动终端的蓄意破坏、篡改、窃听、假冒、泄露和非法访问信息资源的各种恶意行为提供了方便。无线网络比有线网络存在有更多的安全隐患和威胁。信息安全保密性、完整性和可用性的要求同样适用于无线网络。随着无线网络技术的发展，其安全技术也得到发展，无线网络安全标准也正在逐步得到完善。

6.1 无线网络的协议与技术

无线通信网络根据覆盖范围、传输速率及应用领域的不同可分为无线广域网、无线城域网、无线局域网和无线个域网，目前技术标准较成熟和应用较广泛的是无线广域网和无线局域网。随着无线通信技术的发展，也出现了许多无线通信网络标准。

6.1.1 无线广域网及技术标准

无线广域网(Wireless Wide Area Network，WWAN)主要是为了满足超出一个城市范围的信息交流和网际接入需求，让用户可以与在遥远地方的公众或私人网络建立无线连接。WWAN 技术的主要用途是连接 Internet 和将分散在城市各处的用户点或小型网络连接起来，可使常用的个人计算机或其他设备在蜂窝网络覆盖范围内的任何地方连接到互联网。在 WWAN 的通信中一般要用到 MMDS、LMDS、SST、GSM、GPRS、CDMA、3G、4G 等固定式和移动式无线传输技术。

1. 多信道多点分配业务

多信道多点分配业务(Multichannel Multipoint Distribution Services，MMDS)是一种固定式无线技术，它始于 20 世纪 80 年代。MMDS 工作于 2.5～2.7GHz 频段。接收器通常是全方向的，允许从各个方向进行连接。由于 MMDS 工作于一个相对低的频率，所以它对气象条件有一定的抵抗力，并且一根天线就可以服务很大的范围。

MMDS 技术开始时服务于无线电视用户。在发展初期，FCC(美国联邦通信委员会)分配了 4 组 8 个频道，这意味着无线电缆公司只能向其用户发送 4 个频道的节目。因为在电视系统中，频道数越多越好，基于 MMDS 技术的电缆公司向 FCC 请示分配更多的频道，因而发展成后来的频率分发技术。由于其部署相对便宜，很多公司还支持 MMDS 应用于无线系统。一个安装足够高的单个天线，可以服务很大的区域。ISP(Internet 服务供应商)将连接接入 Internet 之前可以通过多个天线路由连接。这可使 ISP 通过设置连接多个天线形成骨干连接的方式以节省带宽投资。

2．本地多点分配业务

本地多点分配业务(Local Multipoint Distribution Services，LMDS)也是一种固定式无线技术。LMDS 工作于 28～31GHz 频段，其服务范围比 MMDS 小，仅支持方圆 5 英里(1 英里=1609.344 米)的通信，且只有大约 2.5 英里的全带宽通信能力。LMDS 比 MMDS 更易受天气和其他干扰的影响。

LMDS 的优势在于它部署的单个访问天线的价格较低，且使用频率较高，可允许供应商为每个客户提供更大的带宽。LMDS 供应商可提供 10Mb / s 的下载速率和 2Mb / s 的上传速率。由于 LMDS 服务范围的限制及其所需的严格线路，LMDS 适合在城市或商业区域部署。

3．扩展频谱技术

扩展频谱技术(Spread Spectrum Technology，SST)，简称扩频技术，是一种宽带无线电频率(Radio Frequency，RF)技术。在发送端，SST 将窄频固定无线信号转化为宽频信号输出；在接收端无线数据终端系统(WMTS)接收宽频信号，并将其转变为窄频信号并对信息进行重组。SST 采用一种比窄带传输消耗更多带宽的传输模式，但却能够产生更强、更能被其他设备接收到的信号。因此，SST 牺牲了带宽，却带来安全性、信息完整性和传输可靠性方面的优势。

4．全球移动通信系统

全球移动通信系统(Global System for Mobile Communications，GSM)是世界上主要的蜂窝系统之一。20 世纪 80 年代，GSM 开始兴起于欧洲，到 20 世纪末已经在 100 多个国家和地区实施运营，到 2004 年全世界 180 多个国家和地区已经建立了 540 多个 GSM 通信网络。

GSM 基于时分多址(TDMA)制式，允许在一个射频同时进行 8 组通话。GSM 系统包括 GSM900MHz、GSMl800MHz 及 GSMl900MHz 等几个频段。GSM 系统具有通话质量高、稳定性强、不易受外界干扰、网络容量大、信息灵敏、设备功耗低等重要特点，因而直到现在，GSM 在移动通信市场中仍然占有相当大的份额。

5．通用分组无线业务

通用分组无线业务(General Packet Radio System，GPRS)是欧洲电信协会 GSM 系统中有关分组数据的标准。GPRS 是在现有的 GSM 网络上开通的一种新的分组数据传输技术，它和 GSM 一样采用 TDMA 方式传输语音，但是采用分组的方式传输数据。GPRS 提供端到端的、广域的无线 IP 连接及高达 115.2Kb / s 的空中接口传输速率。

GPRS 是分组交换技术，相对于原来 GSM 以拨号接入的电路数据传送方式，具有实时在线、高速传输、流量计费和自如切换等优点，能全面提升移动数据传输与语音传输服务。

因而，GPRS 技术广泛应用于多媒体、交通工具的定位、电子商务、智能数据和语音、基于网络的多用户游戏等领域。

6．码分多址

码分多址(Code Division Multiple Access，CDMA)是在 SST 上发展起来的，由扩频、多址接入、蜂窝组网和频率复用等几种技术结合形成的一种无线通信技术。CDMA 采用码分复用技术使所有移动用户都占用相同的带宽和频率，通过复用方式使得频谱利用率很高。

CDMA 采用软切换技术，可完全克服硬切换容易掉话的缺点；CDMA 采用功率控制和可变速率声码器，使 CDMA 无线发射功耗低及语音质量好。

CDMA 具有频谱利用率高、抗干扰性好、抗信号路径衰落能力强、语音质量好、保密性强、掉话率低、电磁辐射小、系统容量大、覆盖广等优点，被越来越多的用户所接受，使得 CDMA 在近些年发展迅速。目前 CDMA 在美国、东亚等国家和地区都占有很大一部分的市场份额。

7．3G

3G(Third Generation)是国际电信联盟(ITU)于 2000 年确定的第三代移动通信系统，其技术基础是 CDMA。3G 是第一个将宽带数据通信和语音通信放到同等位置的无线蜂窝技术。3G 的设计目标是在与已有的第二代移动通信系统(2G)的良好兼容性的基础上，提供更大的系统容量和更好的通信质量，而且要能在全球范围内更好地实现无缝漫游和为用户提供包括语音、数据及多媒体等在内的多种业务。

目前推荐的 3G 主流技术标准有三种，分别为 WCDMA、CDMA2000 和 TD-SCDMA。它们虽然是三个不同的标准，但三种系统所使用的无线核心频段都在 2000MHz 左右。

WCDMA 是一种基于 GSM MAP 核心网、利用 CDMA 实现的宽带扩频的 3G 系统，支持 WCDMA 的厂商有爱立信、诺基亚和一些日本厂商。

CDMA2000 是由窄带 CDMA 技术发展而来的宽带 CDMA 技术标准，它是由美国主推的宽带 CDMA 技术标准，目前中国联通就是采用这一方案并已建成了 CDMA 网络。

TD-SCDMA 是由中国提出、以中国知识产权为主、被国际上广泛接受和认可的 3G 标准，大唐、华为、中兴等国内的著名公司和全球一半以上的设备商都宣布可支持该标准。

8．4G

4G(Fourth Generation)即第四代移动通信系统，是集 3G 与无线局域网于一体并能够传输高质量视频图像且图像传输质量可比拟高清晰度电视的技术产品。4G 可以在不同的无线平台和跨越不同频带的网络中提供令几乎所有用户都满意的无线服务，可以在任何地方用宽带接入互联网(包括卫星通信)，具有定位定时、数据采集、远程控制等综合功能。2012 年 1 月中国具有自主知识产权的通信标准 T~LTE 正式成为 4G 国际标准。

4G 的关键技术主要有正交频分复用(OFDM)技术、空分多址(SDMA)技术和 MIMO 技术。OFDM 技术具有频谱利用率高、抗衰落能力强、适合高速数据传输、抗码间干扰(ISI)能力强等优点。SDMA 技术利用信号在传输方向上的差别，将同频率或同时隙、同码道的信号进行区分，动态改变信号的覆盖区域，将主波束对准用户方向，旁瓣对准干扰信号方向，为每个用户提供优质信号，可充分利用移动用户信号并消除或抑制干扰信号。MIMO 技术是利用多发射、多接收天线进行空间分集的技术，它采用分立式多天线，能有效地将通信链路分解成许多并行的子信道，从而大大提高容量。

9．5G

在 4G 技术刚刚走向商用，全球 4G 建设方兴未艾之时，5G(Fifth Generation)的研发工作已经如火如荼。5G 即第五代移动通信系统，也是 4G 的延伸。与 4G、3G 等不同的是，5G 并不是独立的、全新的无线接入技术，而是对现有无线接入技术(如 3G、4G 和 WiFi)的演进，以及一些新增的补充性无线接入技术集成后解决方案的总称。从某种程度上讲，5G 将是一个真正意义上的融合网络。以融合和统一的标准，提供人与人、人与物以及物与物之间高速、安全和自由的联通。

2013 年 2 月欧盟宣布拨款 5000 万欧元，加快 5G 移动技术的发展，计划到 2020 年推出成熟的标准；2013 年 5 月韩国三星电子宣布，已率先开发出基于 5G

核心技术的移动传输网络，预计 2020 年开始推向商业化；日本运营商 NTT 于 2013 年 10 月表示，正考虑在 2020 年东京奥运会前使用 5G；作为全球知名的电信服务及设备提供商，我国的华为公司在 2014 年 11 月宣布，已在英国等地为 5G 投入 200 多位研发人员，并在未来 5 年内为此继续投资 6 亿美元，华为预计首个 5G 商用网络将于 2020 年面世，届时移动宽带用户峰值速率将超过 10Gb / s。国际电信联盟(ITU)于 2015 年 6 月公布 5G 技术标准化的时间表，5G 技术的正式名称是 IMT-2020，将在 2020 年完成 5G 标准的制定。2016 年 1 月工信部宣布我国已于 2016 年初正式启动了 5G 研发技术试验，搭建开放的研发试验平台，为中国 2020 年启动 5G 商用奠定基础。由此看来，2020 年将会是 5G 服务的关键年份，因为这正是全球许多电信商希望能够发布 5G 服务的时间点。

5G 系统的研发将面向 2020 年移动通信的需求，包含体系架构、无线组网、无线传输、新型天线与射频以及新频谱开发与利用等关键技术。对于普通用户来说，5G 带来的最直观的感受将是网速的极大提升。目前 4G-LTE 的峰值传输速率已达到 100Mb / s，而 5G 的峰值速率将达到 10Gb / s，这意味着用户可以几乎不受任何限制地传输大量的数据文件，瞬间下载一部电影，在线视频、3D 电影和游戏等高带宽的应用也将流畅无阻。当用户以任何方式接入移动网络、读取任何数据时都不需要等待网络。

以 5G 为基础的移动宽带网络的未来发展方向是，打造“移动智能终端+宽带+云”这样的一个平台，与其他的能源和公共事业一样，其将成为整个社会和各个行业赖以运转的基础。届时，利用 5G 技术构建的超高速、超高容量、超可靠性、超短时延、绝佳用户体验的移动宽带网络，将得以让各个产业的信息和数据在不同的平台上自由流动。未来的 5G 将为人们的日常学习、工作和生活的方方面面带来更好的转变，让移动医疗、智慧城市、无线支付、移动办公、智能家居、车联网(智能汽车)、无人驾驶、位置服务等现在已经发展的技术变得更为可靠。预估 5G 高速与稳定的无线通信，会带来更优秀的内容，从语音、实况，到车联网甚至物联网，许多原本在 4G 时代受限于速度、稳定性的服务与应用，都将在 5G 时代大施拳脚。对于一般使用者而言，一直被认为发展不够迅速的车联网、物联网、智慧城市等愿景，都有可能随着 5G 的普及加快实现的脚步。

6.1.2 无线局域网及技术标准

无线局域网(WLAN)是利用无线通信技术和设施在一定的范围内建立起来的网络，是计算机网络与无线通信技术相结合的产物，它以无线多址信道作为传输媒介，提供传统有线局域网(LAN)的功能，能够使用户真正实现随时、随地、随意的宽带网络接入。

作为企业网络的一部分，WLAN 越来越受到人们的关注。利用 WLAN，用户可以在建筑物内或大学校园里的任何地方自由地使用 PDA 和手机上网。

IEEE 802.11 系列标准是 IEEE 制订的无线局域网标准，主要对网络的物理层和介质访问控制层进行规定，其中重点是对介质访问控制层的规定。

下面对 IEEE 已经制定且涉及物理层的四种 IEEE 802.11 系列标准(IEEE 802.11、IEEE 802.11a、IEEE 802.11b 和 IEEE 802.1lg)进行简单阐述。

1. IEEE 802.11

IEEE 802.11 是 IEEE 802 工作组于 1997 年制定的一个无线局域网标准，适用于有线站台与无线用户或无线用户之间的沟通连接，主要用于解决办公室局域网和校园网中，用户与用户终端的无线接入问题，业务主要限于数据存取，速率最高只能达到 2Mb / s。IEEE802.11 定义了 MAC 层和物理层。物理层定义了工作在 2.4GHz 的 ISM 频段上的两种展频作调频方式和一种红外传输的方式，总数据传输速率设计为 2Mb / s。

由于 IEEE 802.11 在速率和传输距离上都不能满足人们的需要，因此，IEEE 工作组在 1999 年又相继推出了 IEEE 802.11b 和 IEEE 802.11a 两个新标准。IEEE 802.11a 定义了一个在 5GHz 的 ISM 频段上的数据传输速率可达 54Mb / s 的物理层，IEEE 802.11b 定义了一个在 2.4GHz 的 ISM 频段上数据传输速率达 11Mb / s 的物理层。因为 2.4GHz 的 ISM 频段为世界上绝大多数国家和地区所通用，因此 IEEE 802.11b 得到了广泛的应用。

2. IEEE 802.1la 和 IEEE 802.1lb

IEEE 802.11a 工作于 5GHz 频段，其物理层速率可达 54Mb / s，传输层可达 25Mb / s。IEEE 802.11a 的物理层工作在红外线频段，波长为 850～950nm，信号传输距离约为 10m。IEEE 802.11a 采用 OFDM 的独特扩频技术，并提供 25Mb / s 的无线 ATM 接口和 10Mb / s 的以太网无线帧结构接口，支持语音、数据、图像业务。IEEE 802.11a 使用 OFDM 技术来增大传输范围，采用数据加密可达 152 位的 WEP。

IEEE 802.11b 是目前应用较为广泛的无线标准，它工作于 2.4GHz 频段，物理层支持 5.5Mb / s 和 11Mb / s 两个速率。IEEE 802.11b 采用了 DSSS 技术，并提供数据加密，使用的是高达 128 位的 WEP。IEEE 802.11b 的技术成熟，使得基于该标准网络产品的成本大为降低，无论是家庭还是公司企业用户，无须太多的资金投入即可组建一套完整的无线局域网。当然，IEEE 802.11b 并不是完美的，其也有不足之处，IEEE 802.11b 最高 11Mb / s 的传输速率并不能很好地满足用户高数据传输速率的需要，因而在要求高宽带时，其应用也受到限制，且它与工作在 5GHz

频率上的 IEEE 802.1la 标准不兼容。

3. IEEE 802.1lg

IEEE 802.11g 是对 IEEE 802.11b 的一种高速物理层扩展，它也工作于 2.4GHz 频段，物理层采用了 OFDM 技术，传输速率最高可达 54Mb / s。IEEE 802.11g 除了具备高数据传输速率及兼容性的优势外，其信号衰减程度也比 IEEE 802.11a 轻，且还具备更优秀的穿透能力，能在复杂的环境中具有很好的通信效果。由于 IEEE 802.11g 的工作频段与 IEEE 802.11b 一致，因此其与 IEEE 802.1lb 技术产品的兼容性问题得到了很好的解决。

IEEE 802.11g 的出现为无线传感器网络市场增加了一种通信技术选择。但因 IEEE 802.11g 的工作频段是 2.4GHz，因此极易受到来自微波、无线电话等设备的干扰。

4. IEEE 系列标准

除上述介绍的几种标准外，IEEE 系列的标准还有很多，有些已经推出多年且已被广泛应用，有些刚被推出仍在修改完善中，有些还在规划中。其中，每个标准都有其自身的优势和缺点。下面简单列出 IEEE 802.11 系列标准、推出年份及简单说明。

IEEE 802.11，1997 年，原始标准(2Mb / s，工作在 2.4GHz 频段)。

IEEE 802.11a，1999 年，物理层补充(54Mb / s，工作在 5GHz 频段)。

IEEE 802.11b，1999 年，物理层补充(1lMb / s，工作在 2.4GHz 频段)。它有时会被误认为是 WiFi，实际上 WiFi 是 WiFi 联盟的一个商标，与标准本身实际上没有关系。

IEEE 802.11c，符合 IEEE 802.11d 的 MAC 层桥接。

IEEE 802.11d，根据各国无线电规定做的调整。

IEEE 802.11e，对 QoS 技术的支持。

IEEE 802.11f，基站的互连性。

IEEE 802.11g，2003 年，物理层补充(54Mb / s，工作在 2.4GHz 频段)。

IEEE 802.11h，2004 年，无线覆盖半径的调整，室内和室外信道(工作在 50Hz 频段)。

IEEE 802.11i，2004 年，无线网络的安全方面的补充。

IEEE 802.11j，2004 年，根据日本规定做的升级。

IEEE 802.11k，无线局域网络频谱测量规范。

IEEE 802.11l，预留及准备不使用。

IEEE 802.11m，维护标准，互斥及极限。

IEEE 802.11n，更高传输速率的改善，支持多输入多输出(MIMO)技术。

IEEE 802.110，针对语音服务制定。

IEEE 802.11p，车用无线通信，符合智能型运输系统的相关应用。

还有 IEEE q～z、IEEE aa～ae 等都在相关组织的修订或计划中，如极大吞吐量标准 IEEE 802.11ac 和 IEEE 802.1lad 在修订中(IEEE 802.11ac 是 IEEE 802.11n 的继承者，它通过 5GHz 频带进行通信。理论上它能够提供最多 lob / s 带宽进行多站式无线局域网通信，或最少 500Mb / s 的单一连接传输带宽)。

6.2　无线网络安全

6.2.1 无线网络的不安全因素与威胁

无线网络传输媒体的开放性、网络中应用终端的移动性、网络拓扑的动态性等都增加了无线网络安全的风险。一般而言，由电信等 ISP 部署的较大的无线网络，其安全机制较为完善，而中小规模的无线网络则可能由于技术水平、安全意识、硬件设备投入等因素影响而使其安全性较低。

1．无线网络存在的不安全因素

(1) 窃听、截取和盗用。窃听是指偷听流经网络的未使用加密认证的通信内容，并通过终端获得有用的信息，或通过工具软件监听、截取并分析通信信息，以破解已加密信息的密钥得到明文。用户在运用无线网络进行信息传输的过程中，也会遭受非法用户的窃取和盗用，常常造成用户之间的信息被破坏或盗取，对用户的日常工作、生活造成不良影响。

(2) 网络隐蔽性差。无线网络运用射频技术连接网络，通过一定频率范围的无线电波传输数据，在信号范围内黑客可能凭借一台接受设备(如配有无线网卡的计算机)便可轻易接入无线网。

(3) 链路泄密问题。链路泄密主要是黑客或某些非法组织通过对无线网络的非法接入，或通过钓鱼软件等途径盗取客户重要信息(如银行卡号、网站账号和密码等)，而其中涉及用户切身利益的信息。这些信息被盗取之后，将会给用户造成不同程度的损失。另外，黑客还会通过非法操作给用户造成其他方面的损害，由此可见，链路泄密对无线网络安全造成的影响较大。

(4) 数据安全问题。由于无线网络操作方便，且信号具有开放性，能够有效地突破传统有线网络的时间及空间的限制，因此就会给一些攻击者创造大量的恶意入侵的机会。非法用户能够通过一些辅助工具对网络设置的密码进行破解，最终达到冒用用户合法身份的目的。

(5) 防范意识差。很多无线网络用户都未设置安全机制或仅设置较为简易的密码，这一现象多见于家庭用户。这就为他人的非法入侵提供了条件，埋下重大安全隐患。

2．无线网络面临的安全威胁

无线网络与有线网络相比只是在传输方式上有所不同，所有传统有线网络存在的安全威胁在无线网络中也存在。无线网络一般受到的攻击可分为两类：一类是关于网络访问控制、数据机密性保护和数据完整性保护的攻击，另一类是基于无线通信网络设计、部署和维护方式的攻击。前者在有线网络的环境下也会发生，无线网络的安全性是在传统有线网络的基础上增加了新的安全性威胁。总体来说，无线网络所面临的威胁主要表现下在以下几方面。

(1) 插入攻击。插入攻击以部署非授权的设备或创建新的无线网络为基础，这种部署或创建往往没有经过安全过程或安全检查。可对接入点进行配置，要求客户端接入时输入口令。如果没有口令，入侵者就可以通过启用一个无线客户端与接入点通信，从而连接到内部网络。有些接入点要求的所有客户端的访问口令竟完全相同，这是很危险的。

(2) 漫游攻击。攻击者可使用网络扫描器(如 Netstumbler 侦测软件)进行攻击，可以在交通工具上用笔记本电脑或其他移动设备扫描无线网络，这种活动称为 wardriving；走在大街上或通过企业网站执行同样的任务，称为 warwalking。

(3) 窃取资源。有些用户喜欢利用邻近的无线网络访问互联网(如蹭邻居的 WiFi)，即使没有什么恶意企图，但仍会占用大量的网络带宽，严重影响网络性能。而更多的不速之客会利用这种连接从公司内发送邮件或下载盗版内容，这也会产生一些法律问题。

(4) 无线截获。通过无线网络截获和监视通信内容是完全可能的，如无线数据包捕获和分析，并可用所捕获的信息来冒充合法用户，劫持用户会话和执行一些非授权的命令等。

(5) 拦截数据。黑客通过 WiFi 拦截数据的现象已经日益普遍。虽然目前所有支持 WiFi 认证的产品均支持 AES-CCMP 数据加密协议，但仍存在一些早期产品还在被用户使用，这些产品仅仅支持存在安全漏洞的 TKIP，很容易被网络黑客盗取信号。

(6) 拒绝服务。无线网络很容易遭受 DoS 攻击。随着越来越多的用户使用 IEEE 802.11n 标准，从而可减少 DoS 攻击发生，但仍会有一些 DoS 攻击现象存在。在这类攻击中攻击者恶意占用主机或网络资源，或是利用同频信号干扰无线信道工作，从而造成用户无法正常使用网络。目前的产品已经支持 IEEE 802.11w，即可很好地避免这一现象的发生。

(7) 非授权访问。无线网络的开放性身份验证只需提供 SSID 或正确的 WEP 密钥，这很容易受到黑客攻击。而共享机密身份验证的“口令—响应”过程则是通过明文传送的，故密钥极易被破解。此外，由于 IEEE 802.1x 身份验证只是服务器对用户进行验证，故容易遭到“中间人”窃取验证信息从而非法访问网络。非授权访问常见于部分用户对无线网络的安全防护等级设置得较低，或根本没有设置防护屏障，导致其他用户未经授权即可接入无线网络。

(8) 非法接入点和非授权用户入网。公共电磁波是无线网络传播的载体，而电磁波能够穿越玻璃、墙壁、天花板等物体，因此在一个无线接入点(简称无线 AP)所覆盖的区域中，包括未授权的客户端都可以接收到 AP 的电磁波信号。未授权用户非法获取 SSID 后将其修改为正确的 SSID，就可以接入无线网络了；如果 AP 实现 MAC 地址过滤方式的访问控制方式，入侵者可先通过窃听获取授权用户的 MAC 地址，然后修改自己计算机的 MAC 地址，从而冒充合法终端访问无线网络。

6.2.2 无线蜂窝网络的安全性

蜂窝网络(Cellular network)也称移动网络，是一种移动通信硬件架构。它把移动通信的服务区分为一个个正六边形的小子区，每个小区设一个基站，形成了形状酷似“蜂窝”的结构，因而把这种移动通信称为蜂窝移动通信。常见的蜂窝网络类型有 GSM 网络、CDMA 网络、3G 网络、AMPS(高级移动电话系统)等。蜂窝网络的组成主要有移动站、基站子系统和网络子系统三部分。移动站就是网络终端设备，如手机、笔记本电脑等。基站子系统包括移动基站(大铁塔)、无线收发设备、专用网络、无线数字设备等，它可以看作是无线网络与有线网络之间的转换器。

1. GSM 的安全性

GSM 网络体系结构如图 6.2.1 所示，由带有 SIM 卡的手机、基站收发信号台(BTS)、基站控制器(BSC)、移动交换中心(MSC)、认证中心(AUC)、归属位置登记数据库(HLR)、访问位置登记数据库(VLR)和运营中心(OMC)等部分组成。

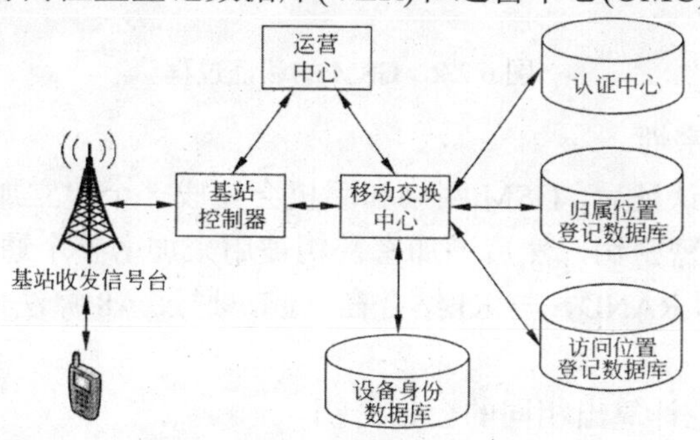

图 6.2.1　GSM 网络体系结构

(1) GSM 的安全性概述。

GSM 的安全性基于对称密钥的加密体系。GSM 主要使用了 A3、A5 和 A8 三种加密算法。A3 是移动设备到 GSM 网络认证的算法，A5 是认证成功后加密语音和数据的分组加密算法，A8 是产生对称密钥的密钥生成算法。

GSM 安全架构中的第一步是认证，确认一个用户和他的移动设备是授权访问 GSM 网络的。因为 SIM 卡和移动网络具有相同的加密算法和对称密钥，它们可以建立信任关系。在移动设备中，这些信息存储在 SIM 卡中。SIM 卡中的信息由运营商定制(包括加密算法、密钥、协议等)，通过零售商分发到用户手中。

根据运营商提供的服务内容，单个用户还可以在 SIM 卡中存储电话号码和短消息。MSC 也保存着 A3、A5 和 A8 算法的副本，通常是存储在硬件设备中。

(2) GSM 的认证过程。

当一个手机开始通话时，GSM 网络的 VLR 会立刻与 HLR 建立联系，HLR 从 AUC 获取用户信息。这些信息会转发到 VLR 上，VLR 认证用户的身份，其认证过程如下(如图 6.2.2 所示)。

1) 基站产生一个 128 位的随机数或询问数(RAND)，并将其发给手机。

2) 手机使用 A3 算法和密钥 K。将 RAND 加密，产生一个 32 位的签名回应(SRES)，同时 VLR 也计算出一个 SRES 值。

3) 手机将 SRES 传输到基站，基站再将其转发到 VLR。

4) VLR 将收到的 SRES 值与计算出的 SRES 值进行对比。

5) 如果与 SRES 值相符，则认证成功，用户可以使用网络；否则，连接终止，错误信息将被报告到手机上。

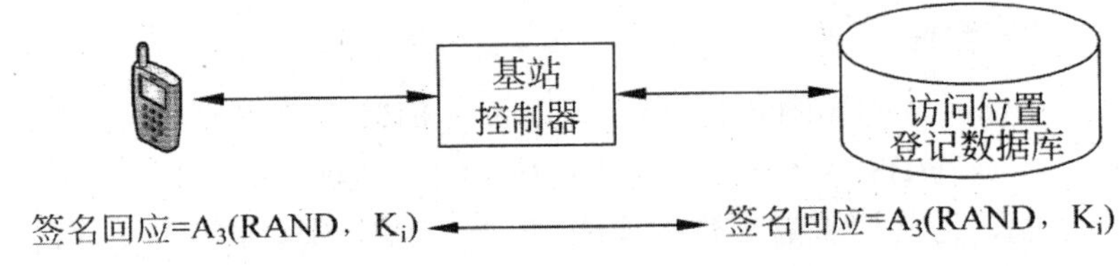

图 6.2.2　GSM 的认证过程

(3) GSM 的保密性。

在成功地进行认证后，GSM 网络和手机会完成一个建立加密信道的过程。首先需要产生一个加密密钥，然后该加密密钥被用来加密整个通信过程。

1) SIM 卡使用 RAND，与 Ki 结合在一起，通过 A8 算法生成一个 64 位的会话密钥(Kc)。

2) GSM 网络也计算出相同的会话密钥。

3) K_c 与 A5 算法结合在一起，产生手机与 GSM 网络之间的加密通信数据。

2. CDMA 的安全性

CDMA 网络的安全性同样也建立在对称密钥体系上，其网络架构与 GSM 大致相同。

CDMA 手机使用 64 位对称密钥(称为 A-Key)进行认证。购买手机时，这个密钥被程序输入手机内，同时也由运营商保存。手机内的软件计算出一个校验值，确保 A-Key 正确输入。

(1) CDMA 认证。

当用手机打电话时，CDMA 网络的 VLR 会对用户进行认证。CDMA 网络使用一种称为蜂窝认证的技术和语音加密(CAVE)的算法。

为了减少 A-Key 被截获的风险，CDMA 手机采用一种基于 A-Key 的动态生成数来进行认证。该生成数称为共享密钥(SSD)，它是由用户的 A-Key、手机的电子序列号(ESN)和随机数 RAND 三个数值计算出来的，如图 6.2.3 所示。这三个数值通过 CAVE 算法产生一个杂凑值。该 CAVE 操作会生成 SSD_A 和 SSD_B 两个 64 位值。SSD_A 等同于 GSM 的 SRES，用于认证；SSD_B 等同于 GSM 的 K_c，用于加密。

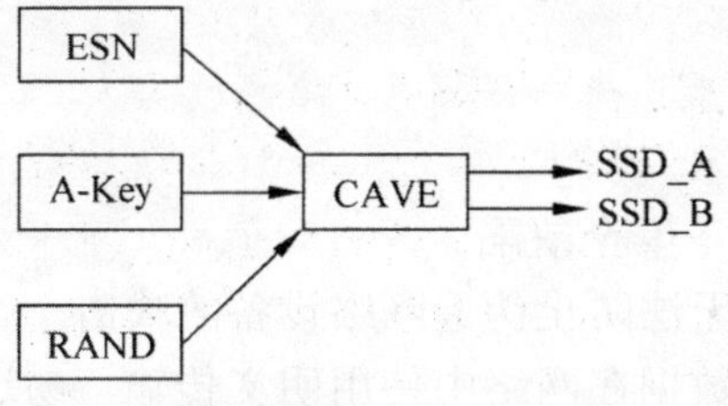

图 6.2.3　CAVE 算法

当手机处于漫游状态时，SSD_A 和 SSD_B 被明文传输到正在访问的网络中。这可能会产生安全风险，因为黑客可以通过截获 SSD 值来复制手机信息。为了预防这种攻击，手机和网络使用一个同步通话计数器。每当手机和网络建立新的通话时，计数器就会更新，这样就能够检测出计数器没有更新的复制 SSD。

CDMA 的认证同样是建立在询问和应答过程上的。认证可以由本地 MSC 或者 AUC 来完成。如果一个 MSC 不能完成 CAVE 计算，认证就由 AUC 来实现。CDMA 的认证过程如图 6.2.4 所示。

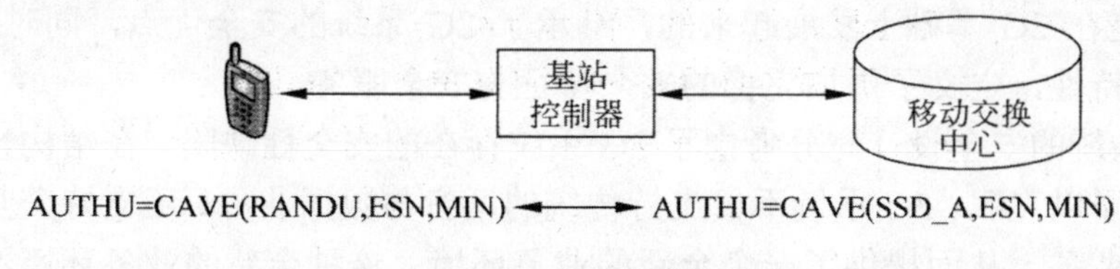

图 6.2.4　CDMA 的认证过程

1) 移动手机拨出电话，MSC 从 HLR 获取用户信息。

2) MSC 产生一个 24 位的随机数用于询问(RANDU)，并将 RANDU 传输到手机。

3) 手机收到 RANDU 后，与 ESN 和 MIN 一起用 CAVE 算法生成杂凑值，得到一个 18 位的 AUTHU，并将其传输到 MSC。

4) MSC 通过 SSD_A、ESN 和 MIN，用 CAVE 计算出自己的 AUTHU。

5) MSC 将两个 AUTHU 进行比对，如两者一致，则继续进行通话；否则中止通话。

(2) CDMA 的保密性。

CDMA 采用与 GSM 类似的语音加密机制。虽然 CDMA 标准允许语音通信加密，但 CDMA 运营商并不会一直提供这种服务，因为 CDMA 采用的扩频技术和随机编码技术本身就比 GSM 采用的 TDMA 技术保密性好。

CDMA 采用的加密算法与 GSM 一样也是保密的，因此针对 CAVE 算法的攻击很少，但这并不意味着 CAVE 算法本身很强，它在理论上也很有可能存在着漏洞。CDMA 正开始逐渐过渡到公开加密算法上，这样会大大加强加密算法的强固性，同时也使 CDMA 运营商能够提供更多的移动商务服务。

3. 3G 的安全性

(1) 2G 的安全缺陷。

2G 系统主要存在如下安全缺陷。

1) 单向身份认证，无法防止伪造网络设备的攻击。

2) 加密密钥与认证数据在网络中使用明文传输，易造成信息泄露。

3) 加密功能没有延伸到核心网，从基站到基站控制器的传输链路中用户信息与信令数据均是明文。

4) 用户身份认证密钥不可变，无法抗击重放攻击。

5) 无消息完整性认证，不能保证数据在链路传输过程中的完整性。

6) 用户漫游时，服务网络采用的认证参数与归属网络之间没有有效的联系。

7) 无第三方仲裁功能，当网络各实体间出现纠纷时，无法提交给第三方进行仲裁。

(2) 3G 的安全特性。

3G 是在 2G 基础上发展起来的，继承了 2G 系统的安全优点，同时针对 3G 系统的新特性，定义了更加完善的安全特征与安全服务。

3G 系统的安全设计充分考虑了 2G 系统存在的安全性缺陷，在结构设计及算法设计中予以克服。3G 系统不仅支持传统的话音与数据业务，还支持交互式业务与分布式业务，从而提供了一个全新的业务环境。这种全新的业务环境不仅体现了新的业务特征，还要求系统能够提供如下安全特征。

1) 存在不同的服务提供商，同时提供多种新业务及不同业务的并发支持。新的 3G 系统安全特征需综合考虑多业务情况下的被攻击性。

2) 采用固定线路传输。

3) 系统中存在各种预付费业务及对方付费业务，应提供相应的安全保护。

4) 系统的安全特征应能抗击用户可能进行的主动攻击。

5) 系统中非话音业务将占主要地位，对安全性的要求更高。

6) 系统中的终端能力进一步增强。

(3) 3G 的安全目标。

基于上述原则和安全特性，3G 的系统安全应达到如下目标。

1) 确保所有用户产生或与用户相关的信息得到足够的保护，以防止滥用或盗用。

2) 确保归属网络与访问网络提供的资源与服务得到足够的保护，以防滥用或盗用。

3) 确保标准安全特性的全球兼容能力。

4) 确保安全特性的标准化，保证不同的服务网络间的漫游与互操作能力。

5) 确保提供给用户与运营商的安全保护水平高于已有的固定或移动网络。

6) 确保 3G 安全能力的扩展性，从而可以根据新的威胁不断扩展安全功能。

6.2.3 无线设备与数据安全

1. 无线频率安全

由于无线传输是通过无线电波进行的，这使所有人都不必经过物理连接到网络的任何部分即可监控传输过程。拥有无线网卡和一些无线网络系统基本知识的攻击者即可监控所有通过网络的通信。

大多数的固定式无线网络访问是通过 RF 频谱进行通信的。RF 频谱实际是一个宽范围的微波频率，范围是 500kHz～300GHz。常见的使用 RF 频谱的设备有移动电话、无绳电话、电视机、AM 和 FM 收音机、微波炉等。并不是 RF 频谱内所有的频率都要经过许可，还有一些频率范围为自由频段，最常用的是工业、科学和医学(Industrial、Scientific、Medical，ISM)界所用的频段。ISM 频率通常是固定式无线网络访问设备所最常用的频率。

RF 频谱内频率的使用，在美国由 FCC 授权许可，而世界其他地方由国际电信联盟(ITU)授权许可。这种差异会导致美国的设备与世界其他国家和地区的同类设备运行在不同的频率上。

最常用的两种固定式无线网络访问技术为 MMDS 和 LMDS。

2. 物理位置安全

无线网络重要设备的物理位置对于固定式无线通信环境来说是非常重要的，

其主要原因是信息的可到达性和设备的安全性。

信息可到达性是固定式无线网络用户最关心的事，尤其是应用 LMDS 技术的用户。如果天线没有 ISP 的 WMTS 清晰视线，连接就会被认为是无用的。多数情况下，需要访问 WMTS 的视线意味着要求天线必须安装在无线网络设备所在的建筑物顶部或建筑物外的高塔上。这样可使信息有最大化的可到达性。另外，提高无线网络性能的一个途径是通过使用更好的电缆，这可有助于降低信号衰减。

为了保证设备的安全性，用户可考虑将一些重要设备(如无线 Modem、路由设备)固定在安全的箱柜里。应该修改 Modem 上的默认密码，而且还要限制能访问它的用户数量。一些公司希望将 Modem 放在天线附近，通常是放在屋顶，以保持信号的强度。在这种情况下可将 Modem 加锁封装，以防止自然环境的破坏和潜在的攻击者。如果条件允许，可建筑一道篱笆围起 Modem 和天线，以确保这些重要物理设备的安全。

3. 无线数据加密

固定式无线传输通过使用扩频技术来保证其安全。由于无线连接通过特定频段传输(如 FM 信号)，所以某个拥有天线和类似网络设备的攻击者会很容易地嗅探到传输信息。

保护传送数据安全的最好办法是对数据进行加密。无线制造商开发了一种基于电缆的安全标准——缆上数据业务接口规范(DOCSIS+)系统。使用 DOCSIS+系统，ISP 可以对用户 Modem 和 IWMTS(无线消息测试平台)之间的数据流进行强制加密。DOCSIS+系统支持多种类型的密钥体制(如 x.509 数字认证、RSA 公钥加密算法和 TDES 加密)。WMTS 制定的加密策略，要求终端用户 Modem 必须遵守，否则 WMTS 不接收数据。这样既可防止攻击者查看数据，又可防止未授权用户使用 WMTS 获得对 ISP 的未授权访问。

采取访问控制措施可以防止网络的数据资源(如通信资源或信息资源)被非授权用户访问(如数据的未经授权使用、泄露、修改、销毁等)。用户通过认证，完成接入无线局域网的第一步，还要获得授权才能开始访问权限范围内的网络资源，授权主要是通过访问控制机制来实现。访问控制通过访问 BSSID、MAC 地址过滤、控制列表 ACL 等技术实现对用户访问网络资源的限制。

4. 无线 AP 安全

无线 AP 是一个包含广泛内容的名称，它不仅包含单纯性无线 AP，也同样是无线路由器(含无线网关、无线网桥)等类设备的统称。

智能手机、平板电脑、笔记本电脑、个人计算机、智能电灯等需要连接 WiFi 的设备越来越多，这些设备都可以通过室内的无线路由器或者无线 AP 连接互联网。那么，作为互联网入口的无线路由器和无线 AP 无疑是非常重要的设备，在我们离不开 WiFi 的同时，无线 AP 安全与否成为人们不得不关心的问题。目前，连接无线路由器的设备越来越多，无线路由器作为连接智能设备和互联网的桥梁如果遭到攻击，不仅用户的个人隐私和个人财产将受到损害，甚至生活都可能会被搅得鸡犬不宁。一旦无线路由器被攻击，攻击者就可以截取人们向互联网发送的信息，解读出其中的个人账号、密码等信息，并会进入路由器的系统后台，更改 DNS 服务器参数，误导用户访问黑客搭建的钓鱼网站。

无线 AP 是无线网络的核心，是用户进入有线网络的接入点。要想有效地提高无线网络的整体性能，用好无线 AP 就成为不可缺少的重要环节。

在 WLAN 中，无线 AP 必须从物理上加以保护，使攻击者不能轻易地访问。无线 AP 应靠近建筑物的中心，这样当信号到达边界时就变得弱了。假设一个机构有多个建筑物，准备建立覆盖整个园区的 WLAN，要把信号限制在建筑物的内部可能很困难，那么就要采取措施来确保园区自身的安全，阻止未经授权的用户进入该地区。

如果无线 AP 上存储有密钥和其他的过滤器，访问它们将受到限制。这就对大多数 WLAN 管理员提出了一个实际的问题，因为许多无线 AP 配有管理工具，这些管理工具有先天的不安全性。无线 AP 通常依靠 HTTP、Telnet 和 SNMP 技术来配置。Telnet 和 HTTP 的安全缺陷是所有数据都是明文发送的，而 SNMP、Telnet 和 HTTP 也都面临许多同样的安全问题。如果可以，在无线 AP 上应该禁用 HTTP、Telnet 和 SNMP 功能，并使用其他的安全访问技术(如 HTTPS 或 SSH)。如果厂商不支持对无线 AP 控制的安全技术，那么到无线 AP 的连接就只能通过有线网段进行。

应定期地扫描所有 AP 查找未经授权的通信，更重要的是查找未经授权的 AP。因为偶尔企业用户或用户组可能在实验室建立 WLAN 而没有通知 IT 管理部门，这些用户对安全保护 WLAN 的必需步骤并不知晓，因而可能会不经意地允许未经授权的通信访问网络。

6.2.4 无线网络的安全机制

1. 有线等价保密机制

WEP(Wired Equivalent Privacy，有线等效保密)是 IEEE 802.11 标准的部分封装形式，它使用对称密钥加密体系来保护终端用户和 AP 之间的数据。WEP 能够为 WLAN 应用提供数据加密和身份认证保护功能。

WEP 标准指定用 RC4 伪随机数生成(PRNG)算法来加密两设备间传输的密钥。密钥在 WLAN 网卡和 AP 上都有存储，且网卡和 AP 之间传输的所有数据都用该密钥加密。 WEP 的认证功能是当加密功能启用且客户端连接上 AP 时，AP

会发出一个 Challenge Packet 给客户端，客户端再利用共享密钥将此值加密后送回 AP 以进行认证比对，如果正确无误，才能获准访问网络资源。

WEP 协议是对在两台设备间无线传输的数据进行加密的技术，可用以防止非法用户窃听或入侵无线网络。对多数管理员来说，SSID 本身没有提供足够的安全。为进一步保护 WLAN，许多管理员会使用 WEP 协议。WEP 协议可保证在无线传输过程中的数据安全，是保障无线网络安全的一项重要措施，现已得到普遍应用。WEP 协议可实现数据安全性(防止数据在传输过程中被监听)、接入控制和数据完整性等目标。

2．无线保护接入机制

由于 WEP 机制存在安全漏洞与威胁，因此 WiFi 联盟在 IEEE 802.11i 出台之前推出 WPA，作为中间过渡标准，确保 WLAN 在过渡期内的安全。WPA(WiFi Protected Access，无线网络安全访问协议)是继承了 WEP 基本原理且可解决 WEP 安全缺陷的技术。它遵循 TKIP 和 IEEE 802.1x 机制，为移动客户机提供动态密钥加密和相互认证功能。

TKIP 为 WEP 引入了新算法，包括扩展的 48 位初始向量与相关的序列规则、数据包密钥构建、密钥生成与分发功能和信息完整性码(Michael 码)。在应用中与利用 802.1x 和 EAP(扩展认证协议)的认证服务器连接，认证服务器用于保存用户证书，实现有效的认证控制和与已有信息系统的集成。WPA 还具有防止数据被篡改和认证功能。

WPA 加密有 WPA、WPA-PSK、WPA2 和 WPA2-PSK 四种方式，它们都采用相同的加密机制，其区别仅在于认证机制。WPA 采用的加密算法有高级加密算法(AES)和临时密钥完整性协议(TKIP)两种。

3．IEEE 802.11i 增强安全机制

IEEE 802.11i 规定了使用 IEEE 802.1x 认证和密钥管理方式，定义了 TKIP 和 CCMP 两种数据加密机制，增强了 WLAN 中的数据加密和认证性能，并且针对 WEP 加密机制的各种缺陷做了多方面的改进，可大幅度提升无线网络的安全性。

(1) 数据保密协议。

IEEE 802.11i 的加密协议主要是针对 WEP 和 WLAN 的特点来设计的，目的是为了有效地抵抗各种主动和被动攻击，建立一个健壮的安全网络。IEEE 802.11i 的草案中定义了 CCMP 和 TKIP 两种数据加密协议。CCMP 是 IEEE 802.11i 所使用的最强的算法；TKIP 存在的主要目的是因为现在的大多数设备只支持这种 WEP，它可使这些设备升级。

1) TKIP(暂时密钥完整性)协议。为了更系统地修正 WEP 中的安全漏洞，IEEE

提出了向后兼容 WEP 的升级算法 TKIP。TKIP 是一种对传统设备上 WEP 算法进行加强的协议，它可使用户在不更新硬件设备的情况下，提升系统的安全性。

2) CCMP 协议。TKIP 是基于 RC4 算法设计的，所以 TKIP 只能是一种过渡解决方案。IEEE 802.11i 标准的最终方案是基于 IEEE 802.1x 认证的、以 AES 为核心算法的加密技术，CCMP 是 IEEE 802.11i 规范中的默认模式。

(2) 认证和访问控制。

访问控制是网络安全的重要组成部分，只有通过合理的控制方式才能保障合法用户使用网络资源。在访问控制的同时必然伴随着身份的认证，用户只有向他人证明自己的身份后才能享用为他所提供的资源。IEEE 802.11i 中的认证、授权和接入控制主要是由三个部分配合完成的，分别是 IEEE 802.1x 标准、EAP 协议和 RADIUS 协议。

1) IEEE 802.1x 标准。IEEE 802.1x 是一种基于端口的认证协议，可通过认证和加密来防止非法接入无线网络。端口可以是一个物理端口，也可以是一个逻辑端口。IEEE 802.1x 认证的最终目的就是确定一个端口是否可用。IEEE 802.1x 协议解决了传统的 Web 认证方式带来的问题，消除了网络瓶颈，减轻了网络封装开销，降低了建网成本。它的优越性表现为简捷高效、认证与业务分离和安全可靠。

2) EAP 协议。可扩展认证协议(EAP)是 PPP 认证中的一个通用协议，其特点是 EAP 在链路控制阶段没有选定认证机制，而是把这一步推迟到认证阶段，这样就允许认证者在确定某种特定认证机制前请求更多的信息，还可以采用一个后端服务器来实际实现各种认证机制，认证者仅仅需要传递认证信息。

EAP 可以与 IEEE 802.1x 很好地配合使用，因为 IEEE 802.1x 专门定义了在 LAN 上运行 EAP 的报文格式 EAPOL。在 IEEE 802.1x 中，AP 本身并不参与具体的认证过程，而只是对认证信息起传递作用，并把认证服务器认证的结果传递到端口，因此 AP 只需要知道 EAP 的报文类型和转换的方法，而不必知道认证服务器所使用的具体的 EAP 方法。

EAP 采用高层认证技术，并支持多种安全协议标准，从而可降低链路层运算资源在安全上的开销。它可运行在任何链路层之上，可方便扩展支持未来的认证协议，具有良好的适用性和可扩展性。

3) RADIUS 协议。配置 AP 使用 RADIUS 对用户进行验证可进一步增强无线网络的安全。RADIUS 验证给管理员提供通过 AP 访问网络的更多精细粒度的控制。并不是所有的 AP 都支持 RADIUS 验证，但像 Cisco、Linksys、Lucent 和 Proxim 等著名供应商的 AP 都支持 RADIUS 功能。RADIUS 验证阻止未授权的用户通过 WLAN 访问网络。如果用户不能通过 RADIUS 服务器验证，就不允许访问网络。当用在强密码策略的连接中，RADIUS 验证有助于制止未授权用户获得对网络资源的访问。

使用RADIUS验证WLAN的过程如图6.2.5所示，RADIUS服务器要求WLAN用户在获得网络访问前进行验证。用户连接到AP，使用SSID、WEP或两者结合来进行网卡验证。AP向RADIUS服务器提交RADIUS请求，RADIUS服务器验证现在能够传送网络通信的用户。为保证可靠性，AP还可以增加一个RADIUS备用服务器。如果主服务器失效，用户将自动转发给备用服务器。

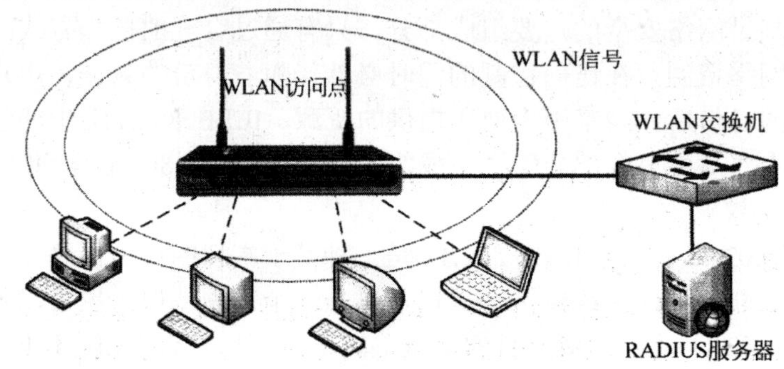

图 6.2.5　使用 RADIUS 验证 WLAN

6.2.5 无线网络的安全措施

我们可采取如下安全措施应对无线网络的安全威胁。

1．进行网络整体安全分析、网络设计和结构部署

网络整体安全分析是对网络可能存在的安全威胁进行全面分析。当确定有潜在的入侵威胁时，要将其纳入网络规划，及时采取措施，排除无线网络的安全威胁。选择比较有安全保证的产品来部署网络和设置适当的网络结构是确保网络安全的前提条件，同时还要做到如下几点。

(1) 修改设备的默认值。

(2) 把基站看作 RAS(远程访问服务器)。

(3) 指定专用无线网络的 IP 协议。

(4) 在 AP 上使用速度最快的、能够支持的安全功能。

(5) 考虑天线对授权用户和入侵者的影响。

(6) 在网络上，针对全部用户使用一致的授权规则。

(7) 在不会被轻易损坏的位置部署硬件。

2．配置入侵检测系统

无线入侵检测系统(WIDS)相比传统的IDS主要增加了对无线网络的检测和对破坏系统反应的特性。WIDS 是通过分析网络中的传输数据来判断是否有破坏系

统和入侵事件。WIDS 具有监视分析用户的活动、检测非法的网络行为、判断入侵事件的类型和对异常的网络流量进行预警等主要功能。WIDS 不但能找出大多数的黑客行为并准确定位黑客的详细地理位置，还能加强策略，大大提高无线网络的安全性。

3．对无线网络进行加密

对无线网络进行加密是最基本的安全措施。但加密并不是万能的，对无线网络进行加密只是提高网络安全性的主要措施。目前常见的无线网络加密技术有 WEP、WPA 和 WPA2 三种。WEP 是一种运用传统的无线网络加密算法进行加密的方式。WPA 是在 WEP 基础上进行改进的，采用 TKIP 和 AES 进行加密的方式。WPA2 则是更高一级的安全类型，它提供一种安全性更高的加密标准 CCMP，其加密算法为 AES。

4．设置 MAC 地址过滤

MAC 地址是网络设备独一无二的标识，具有全球唯一性。无线路由器可追踪经过它们的所有数据包源 MAC 地址，因此开启无线路由器上的 MAC 地址过滤功能，建立允许访问路由器的 MAC 地址列表，可达到防止非法设备接入网络的目的。MAC 过滤可以降低大量攻击威胁，对于较大规模的无线网络也是非常可行的选项。一是把 MAC 过滤器作为第一层保护措施；二是记录无线网络上使用的每个 MAC 地址，并配置在 AP 上，只允许这些地址访问网络，阻止非信任的 MAC 访问网络；三是可以使用日志记录产生的错误并定期检查，判断是否有人企图突破安全措施。

5．有效管理 IP 分配方式

IP 地址有静态地址和动态地址两种方式。静态地址可以避免黑客自动获得 IP 地址，而动态地址可以简化 WLAN 的使用，降低繁重的管理工作。一般无线路由器默认设置应用 DHCP 功能，即动态分配 IP 地址。如果入侵者找到了无线网络，就会很方便地通过 DHCP 获得一个合法的 IP 地址，这是有安全隐患的。因此，在联网设备比较固定的环境中应关闭无线路由器的 DHCP 功能，然后按一定的规则为无线网络中的每一个设备设置一个静态 IP 地址，并将这些静态 IP 地址添加到在无线路由器上允许接入的 IP 地址列表中，可大大缩小接入无线网络的 IP 地址范围。最好的方法是将静态 IP 地址与其相对应 MAC 地址同步绑定，这样即使入侵者得到合法的 IP 地址，还要验证绑定的 MAC 地址，这相当于设置了两道关卡，大大提高了无线网络的安全性。

6. 利用协议过滤功能

协议过滤是一种降低网络安全风险的方式，在协议过滤器上设置正确适当的协议过滤功能会给无线网络提供一种安全保障。协议过滤功能可限制那些企图通过SNMP协议访问无线设备进而修改配置的网络用户，还可防止使用较大的ICMP协议数据包和其他会用作DoS攻击的协议。

7. 采用身份验证和授权

如果入侵者了解到网络的SSID、MAC地址或WEP密钥等相关信息，就可据此尝试与 AP 建立联系，从而使无线网络出现安全隐患。因此在用户建立与无线网络的关联前对其进行身份验证是很必要的。如果开放身份验证就意味着只需向AP提供SSID或正确的 WEP密钥，而此时如果没有其他的保护，那么无线网络对每个获知网络 SSID、MAC 地址或 WEP 密钥等信息的用户来说将会处于完全开放的状态，其后果可想而知。

8. 防止非法接入

(1) 防止非法用户的接入。

1) 基于 SSID 防止非法用户接入。服务设置标识符 SSID 是用来标识一个网络的名称，以此来区分不同的网络，最多可以有32个字符。无线客户机设置了不同的 SSID，可以进入不同网络。无线客户机必须提供正确的 SSID，与无线 AP 的SSID相同，才能访问AP。如果出示的SSID与AP的SSID不同，AP将拒绝它通过本服务区上网。因此可认为 SSID 是一个简单的口令，从而提供口令认证机制，阻止非法用户的接入。SSID通常由AP广播出来。出于安全考虑，可禁止AP广播其SSID号。

2) 基于无线网卡物理地址过滤防止非法用户接入。由于每个无线客户机的网卡都有唯一的物理地址，因此可以利用 MAC 地址来阻止未经授权的无限工作站接入。为AP设置基于MAC地址的访问控制表，确保只有经过注册的设备才能进入网络。可以在AP中手工维护允许访问的MAC地址列表，实现物理地址过滤。但是 MAC 地址在理论上可以伪造，因此这也是较低级别的授权认证。物理地址过滤属于硬件认证，而不是用户认证。这种方式要求AP中的MAC地址列表必须随时更新。如果用户增加，则扩展能力变差，因此只适用于小规模网络。如果网络中的AP数量很多，可以使用802.1x端口认证技术配合后台的RADIUS认证服务器，对所有接入用户的身份进行严格认证，杜绝未经授权的用户接入网络、盗用数据或进行破坏。

3) 基于802.1x防止非法用户接入。802.1x技术也是用于WLAN的一种增强性的网络安全解决方案。无线客户机与无线 AP 关联后，是否可以使用 AP 的服务要取决于 802.1x 的认证结果。如果认证通过，则 AP 为无线客户机打开这个逻辑端口，否则不允许用户上网。

(2) 防止非法 AP 的接入。

无线局域网易于访问和配置简单的特性，增加了无线局域网管理的难度。因为任何人都可以通过自己购买的 AP，不经过授权而接入网络，这就给无线局域网带来很大的安全隐患。

1) 基于无线网络的 IDS 防止非法 AP 接入。使用 IDS 防止非法 AP 的接入主要有发现非法 AP 和清除非法 AP 两个步骤。发现非法 AP 是通过分布于网络各处的探测器完成数据包的捕获和解析，它们能迅速地发现所有无线设备的操作，并报告给管理员或 IDS 系统。通过使用网络管理软件(如 SNMP)，也可以确定 AP 接入有线网络的具体物理地址。发现 AP 后，可以根据合法的 AP 认证列表(ACL)判断该 AP 是否合法。如果判断新检测到的 AP 的 MAC 地址、SSID、Vendor、无线媒介类型或者信道异常，就可以认为其是非法 AP。发现非法 AP 之后，应该立即采取相应的措施，阻断该 AP 的连接。可采用网络管理员利用网络管理软件确定非法 AP 的物理连接位置从物理上断开的方式阻断 AP 连接，也可采用禁止在交换机的端口连接非法 AP 的方式阻断 AP 连接。

2) 基于 802.1x 双向验证防止非法 AP 接入。利用对 AP 的合法性验证以及定期进行站点审查，防止非法 AP 的接入。在无线 AP 接人有线交换设备时，可能会遇到非法 AP 的攻击，非法安装的 AP 会危害无线网络的宝贵资源，因此必须对 AP 的合法性进行验证。 AP 支持的 IEEE 802.1x 技术提供了一个客户机和网络相互验证的方法，在此验证过程中不但 AP 需要确认无线用户的合法性，无线终端设备也必须验证 AP，然后才能进行通信。通过双向认证可以有效地防止非法 AP 的接入。

3) 基于检测设备防止非法 AP 的接入。在入侵者使用网络之前，通过接收天线找到未被授权的网络。网络管理员应当尽可能频繁地对物理站点进行监测，因为频繁的监测可增加发现非法配置站点的机会。管理员可以通过小型的手持式扫描检测设备随时到网络的任何位置进行检测，清除非法接入的 AP。

9．应用 VPN 技术

在大型的无线网络中，对工作站的维护、对 AP 的 MAC 地址列表设置、对 AP 的 WEP 加密密钥管理等都是一件相当繁重的工作，而 VPN 技术是 WEP 机制和 MAC 地址过滤机制的最佳代替者。VPN 可在客户端与各机构间设置一条动态的加密隧道，并同时支持用户进行身份验证，以此来实现高级别的安全保障，且多数操作系统都支持 VPN 隧道的普通客户端(如 PPTP、L2TP 和 IPSec)。无线网络数据用 VPN 加密后再用无线加密技术加密，可大大提高无线网络的安全性能。

在 WLAN 中 VPN 是通过在网络和 AP 之间加装 NAS 服务器实现保护功能的，如图 6.2.6 所示。使用 VPN 保护 WLAN，WLAN 用户建立通向访问服务器的隧道，加密所有在用户和网络间传输的通信。WLAN 用户连接 AP，请求转发给 NAS，NAS 再处理数据加密和验证，并创建隧道。一旦用户成功地通过 NAS 服务器的验证，隧道即可建立，加密的数据就可以在用户和网络间自由地传输了。

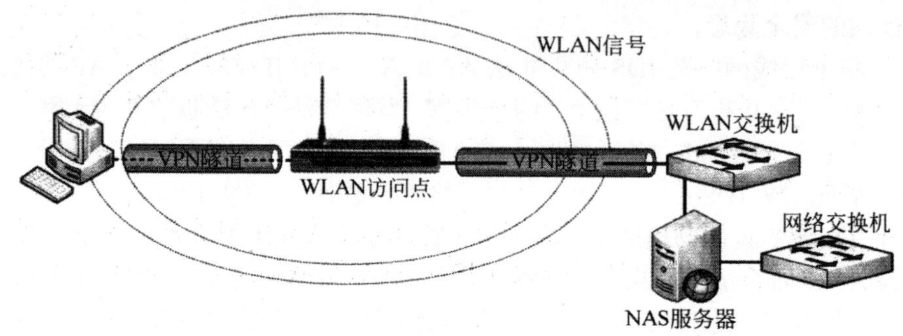

图 6.2.6　使用 VPN 保护 WLAN

尽管 VPN 技术很好，且许多人认为是企业网络的关键，但它仍然存在一些不足。如在 NAS 服务器和终端用户机器上都要建立隧道，需要额外的 CPU 开销。如果网络上没有建立 VPN，那么建立新的 VPN 还要花费很多的时间和费用。

除上述安全措施外，在实际使用中还可采取诸如对用户进行安全教育、设置附加的第三方数据加密方案、加强企业内部管理、提高技术人员对安全技术措施的重视、加大安全制度建设等措施加强无线网络的安全性。

第 7 章　网络新技术与新趋势

本章针对下一代网络的发展趋势及典型的网络新技术，从网络的多个角度出发，分别阐述了物联网与云计算技术、虚拟化技术、三网融合、全光技术通信技术等相关方面的内容。

7.1　物联网技术

物联网的概念是在 1999 年提出的，被视为互联网的应用扩展，物联网的英文名称为 Internet of Things(IOT)，也称 Web of Things。应用创新是物联网的发展的核心，以用户体验为核心的创新是物联网发展的灵魂。2005 年，在突尼斯举行的信息社会世界峰会上，国际电信联盟发布了《ITU 互联网报告 2005：物联网》，正式提出了“物联网”的概念。

物联网，即“物理相连的互联网”，它将现实世界的物体通过传感器和互联网连接起来。具体而言，物理网是指通过射频识别(RFID)装置、红外感应器、全球定位系统、激光扫描器等信息传感设备，按约定的协议把任意物品与互联网相连，进行信息交换和通信，以实现智能化识别、定位、监控和管理的一种网络，如图 7.1.1 所示。

图 7.1.1　物联网示意图

物联网的问世，打破了之前的传统思路。和传统的互联网相比，物联网有其鲜明的特征。

(1) 物联网是各种感知技术的广泛应用。物联网上部署了海量的多种类型传感器，每个传感器都是一个信息源，不同类别的传感器所捕获的信息内容和信息格式不同。传感器获得的数据具有实时性，按一定的频率周期性的采集环境信息，不断更新数据。

(2) 物联网是一种建立在互联网上的泛在网络。物联网技术的重要基础和核心仍旧是互联网，通过各种有线和无线网络与互联网融合，将物体的信息实时准确地传递出去。由于其信息量庞大，在传输过程中，为了保障数据的正确性和及时性，必须适应各种异构网络和协议。

(3) 物联网不仅仅提供了传感器的连接，其本身也具有智能处理的能力，能够对物体实施智能控制。物联网将传感器和智能处理相结合，利用云计算、模式识别等各种智能技术，扩充其应用领域。

在物联网应用中有三项关键技术：传感器技术、FRID 技术和嵌入式系统技术。其中，RFID 标签也是一种传感器技术，RFID 技术是融合了无线射频技术和嵌入式技术为一体的综合技术，RFID 在自动识别、物品物流管理有着广阔的应用前景。如果把物联网用人体做一个简单比喻的话，传感器相当于人的眼睛、鼻子、皮肤等感官，网络就是神经系统用来传递信息，嵌入式系统则是人的大脑，在接收到信息后要进行分类处理。物联网常见的层次结构包含感知层、网络层(传输层)和应用层，如图 7.1.2 所示。

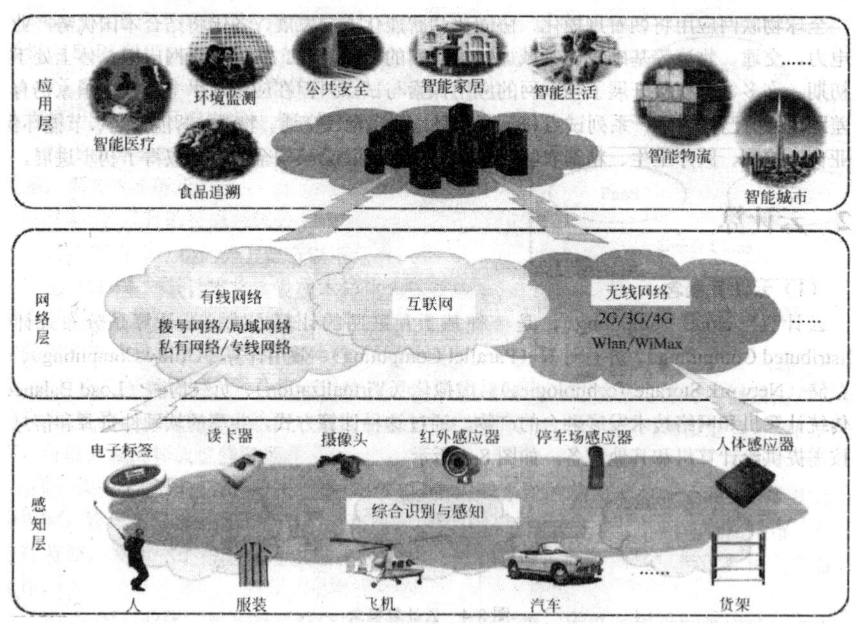

图 7.1.2　物联网分层结构图

感知层将物品信息进行识别、采集。

网络层由各种私有网络、互联网、有线和无线通信网、网络管理系统和云计算平台等组成，将采集的信息，通过这些网络技术进行汇总及可靠传输。物联网的四大支撑网络如图 7.1.3 所示。

应用层将信息汇总层汇总而来的信息进行智能分析和管理，从而形成现实世界的实时情况形成数字化的认知。

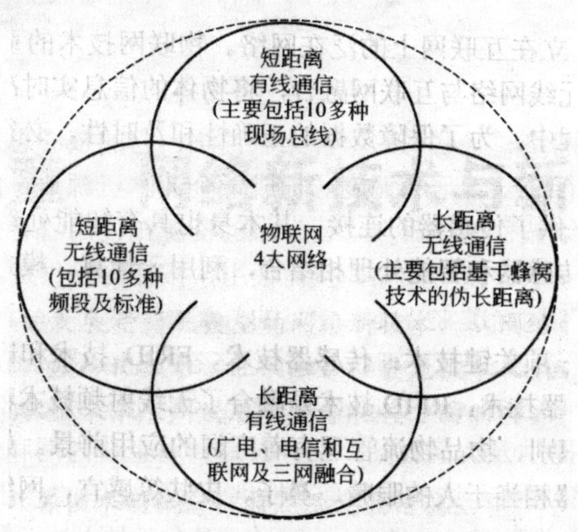

图 7.1.3　物联网四大支撑网络图

全球物联网应用将朝着规模化、协同化和智能化方向发展，各国将结合本国优势产业，在电力、交通、物流等基础设施领域加快物联网的应用发展。我国物联网应用总体上处于发展初期，许多领域积极开展了物联网的应用探索与试点，但在应用水平上与发达国家仍有一定差距。目前已开展了一系列试点和示范项目，在电网、交通、物流、智能家居、节能环保、工业自动控制、医疗卫生、精细农牧业、金融服务业、公共安全等领域取得了初步进展。

7.2　云　计　算

7.2.1　云计算概念

云计算(Cloud Computing)，是一种基于互联网的计算方式，云计算是分布式计算(Distributed Computing)、并行计算(Parallel Computing)、效用计算(Utility Computing)、网络存储(Network Storage Technologies)、虚拟化(Virtualization)、负

载均衡(Load Balance)等传统计算机和网络技术发展融合的产物。通过这种计算方式，共享的软硬件资源和信息可以按需提供给计算机和其他设备，如图 7.2.1 所示。

图 7.2.1 云计算概念

云实际上就是网络、互联网的一种比喻说法，它的核心思想是对大量用网络连接的计算资源进行统一管理和调度，构成一个计算资源池，向用户提供按需服务。提供资源的网络被称为“云”。“云”中的资源在使用者看来是可以无限扩展的，并且可以随时获取、按需伸缩、按需使用，按使用量付费。

云计算可以按不同标准来分类，常见的分类如下。

(1) 按照是否公开发布服务可以分成公有云(Public Cloud)、社区云、混合云(Hybrid Cloud)和私有云(Private Cloud)，后者也称企业云或内部云。公共云是利用互联网，面向公众提供云计算服务；私有云是利用企业内网和专网，面向单一企业或组织提供云计算服务，这些服务是不提供于公众使用的；社区云是利用内网、专网及 VPN，为多家关联部门提供云计算服务；混合云是上述两种或三种云的组合。

(2) 按照服务类型(XaaS)可以分成基础架构即服务(Infrastructure as a Service，IaaS)、平台即服务(Platform as a Service，PaaS)和软件即服务(Software as a Service，SaaS)。

IaaS：通过互联网租赁搭建自己的应用系统，以服务的形式提供虚拟硬件资源，如虚拟主机、存储、数据库管理等资源。典型案例如 2002 年推出的 AWS(Amazon Web Service)。

PaaS：把开发环境作为一种服务来提供。这是一种分布式平台服务，厂商提供开发环境、服务器平台、硬件资源等服务给客户，用户在其平台基础上定制开发自己的应用程序并通过其服务器和互联网传递给其他客户。PaaS 能够给企业或个人提供研发的中间件平台，提供应用程序开发、数据库、应用服务器、试验、托管及应用服务。其特点是提供应用服务引擎，如互联网应用编程接口 / 运行平台等。典型案例为 Google AppEngine、Microsoft Azure 等服务平台。

SaaS：用户不用购买应用程序等打包软件，而是通过互联网利用供应者提供的服务，如 Google 的 Gmail，Google Docs 等免费软件服务。对于小型企业来说，SaaS 是采用先进技术的最好途径。

基于服务类型的分类与云计算的两个层面的对应关系，如图 7.2.2 所示。

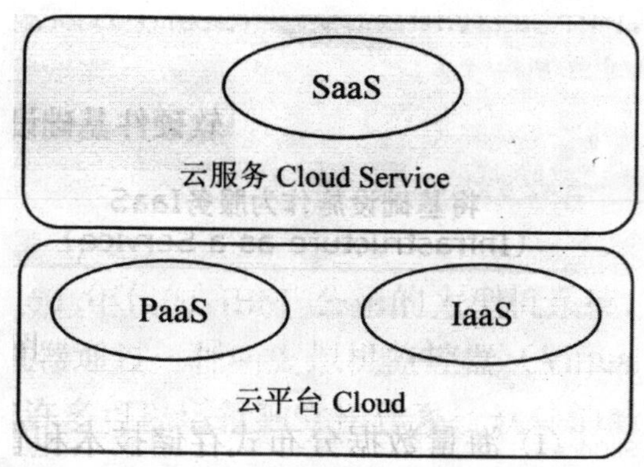

图 7.2.2　云计算分类图

7.2.2 云计算的特点与优势

云计算的特点和优势主要有以下几点。

(1) 低成本。云计算将建设成本转化为运营成本，用户不需要为峰值业务购置设施，不需要大量的软硬件购置和维护成本就可以享用各种 IT 应用和服务。

(2) 灵活可扩展性。云计算可以快速灵活的构建基础信息设施，并可以根据需求灵活的扩容 IT 资源。云计算提供给用户短期使用 IT 资源的灵活性。当不再需要这些资源的时候；用户可以方便的释放这些资源。

(3) 集中化管理。云计算采用虚拟化技术使得跨系统的物力资源统一调配、集中运维成为可能。管理员只需通过一个界面就可以对虚拟化环境中的各个计算机的使用情况、性能等进行监控，发布一个命令就可以迅速在所有机器上适用，而不需在每个计算机上单独进行操作。

(4) 维护专业化。服务器和存储资源池的专业化管理，有助于提高运维质量，提高可靠性。

7.2.3 云计算的关键技术

云计算是以数据为中心的一种数据密集型的超级计算。在数据存储、数据管理、编程模式、并发控制和系统管理等方面具有自身独特的技术。“云计算”实际是并不是一个单独的服务，而是一个服务集合，其技术框架如图 7.2.3 所示。云计算通过基础设施即服务 IaaS、平台即服务 PaaS 和软件即服务 SaaS 三种形式为使用者提供 IT 服务。

云计算 3 种典型的服务形式，都离不开两个基础支撑技术，即服务器的虚拟化和分布式存储技术。

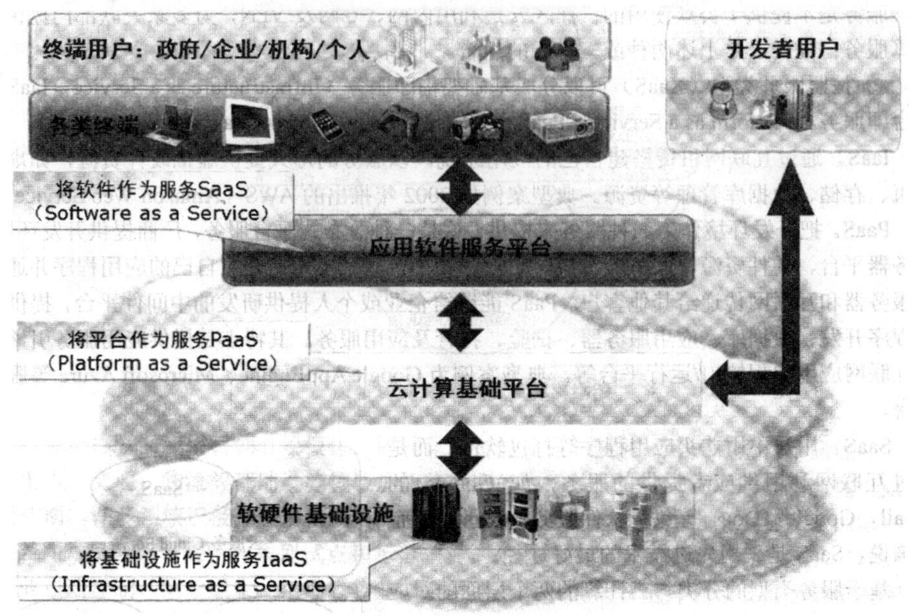

图 7.2.3 云计算技术框架

1．海量数据分布式存储技术和管理技术

云计算系统由大量服务器组成，同时为大量用户服务，因此云计算系统采用分布式存储的方式存储数据，用冗余存储的方式保证数据的可靠性。云计算系统中广泛使用的数据存储系统是 Google 公司的 GFS 和 Hadoop 团队开发的 GFS 的开源实现 HDFS。

云计算需要对分布的、海量的数据进行处理、分析，因此，数据管理技术必需能够高效地管理大量的数据。云计算系统中的数据管理技术主要是 Google 公司的 BT(BigTable)数据管理技术和 Hadoop 团队开发的开源数据管理模块 HBase。

BT 是建立在 GFS、Scheduler、Lock Service 和 MapReduce 之上的一个大型的分布式数据库，与传统的关系数据库不同，它把所有数据都作为对象来处理，形成一个巨大的表格，用来分布存储大规模结构化数据。

2．虚拟化技术

通过虚拟化技术可实现软件应用与底层硬件相隔离。虚拟化技术包括将单个资源划分成多个虚拟资源的裂分模式，也包括将多个资源整合成一个虚拟资源的聚合模式。虚拟化技术根据对象的不同可分成存储虚拟化、计算虚拟化、网络虚拟化等，计算虚拟化又可分为系统级虚拟化、应用级虚拟化和桌面虚拟化。

3. 云计算平台管理技术

云计算的资源规模庞大，服务器数量众多并分布在不同的地点，同时运行着数百种应用，如何有效地管理这些服务器，保证整个系统提供不间断的服务是巨大的挑战。云计算系统的平台管理技术能够使大量的服务器协同工作，方便地进行业务部署和开通，快速发现和恢复系统故障，通过自动化、智能化的手段实现大规模系统的可靠运营。

7.2.4 云计算技术发展面临的主要问题

云计算的出现极大地促进整个社会的信息化发展，同时也产生了更多的信息化服务需求。运营商可在原有资源基础上，将计算、存储等 IT 基础设施转化为云计算增值服务，形成新的业务增长点。而云计算业务对宽带接入网络全覆盖、随时随地接入能力、网络接入质量、网络安全等指标的要求，都要比传统互联网业务高出许多。

尽管云计算模式具有许多优点，但是也存在的一些问题，如数据隐私问题、安全问题、软件许可证问题、网络传输问题等。

(1) 数据隐私问题。如何保证存放在云服务提供商的数据隐私，不被非法利用，不仅需要技术的改进，也需要法律的进一步完善。

(2) 数据安全性。有些数据是企业的商业机密，数据的安全性关系到企业的生存和发展。云计算数据的安全性问题解决不了会影响云计算在企业中的应用。

(3) 用户使用习惯。如何改变用户的使用习惯，使用户适应网络化的软硬件应用是长期而艰巨的挑战。

(4) 网络传输问题。云计算服务依赖网络，目前网速低且不稳定，使云应用的性能不高。云计算的普及依赖网络技术的发展。

7.3 虚拟化技术

虚拟化(Virtualization)技术最早出现在 20 世纪 60 年代的 IBM 公司的大型机系统，在 70 年代的 System 370 系列中逐渐流行起来，这些机器通过一种叫虚拟机监控器(Virtual Machine Monitor，VMM)的程序在物理硬件之上生成许多可以运行独立操作系统软件的虚拟机(Virtual Machine)实例。随着近年来多核系统、集群、网格甚至云计算的广泛部署，虚拟化技术在商业应用上的优势日益体现，不仅降低了 IT 成本，而且还增强了系统安全性和可靠性，虚拟化的概念也逐渐深入到人们日常的工作与生活中。

7.3.1 虚拟化的概念

虚拟化是一种方法，本质上讲是指从逻辑角度而不是物理角度来对资源进行配置，是从单一的逻辑角度来看待不同的物理资源的方法。在计算机技术中，虚拟化(Virtualization)是将计算机物理资源如服务器、网络、内存及存储等予以抽象、转换后呈现出来，使用户可以比原本的组态更好的方式来应用这些资源。这些资源的新虚拟部分是不受现有资源的架设方式、地域或物理组态所限制。一般所指的虚拟化资源包括计算能力和资料储存。

从通俗的角度来说虚拟化常常意味着：其一，由一个物理资源创建多个虚拟资源；其二，由一个或多个物理资源创建一个虚拟资源。在诸如网络、存储、硬件等各种各样的场合，这一术语都被频繁地用于表达上述概念。

今天，虚拟化这个术语已被广泛运用于多种概念，其中包括：服务端虚拟化、客户端 / 桌面 / 应用程序虚拟化、网络虚拟化、存储虚拟化，以及服务 / 应用基础结构虚拟化。

在以上的多数场合，将一个物理资源抽象成多个虚拟资源，或者将多个物理资源整合成一个虚拟资源的情况都可能发生。

7.3.2 服务端虚拟化

将服务器物理资源抽象成逻辑资源，让一台服务器变成几台甚至上百台相互隔离的虚拟服务器，我们不再受限于物理上的界限，而是让 CPU、内存、磁盘、I/O 等硬件变成可以动态管理的“资源池”，从而提高资源的利用率，简化系统管理，实现服务器整合，让 IT 对业务的变化更具适应力——这就是服务器的虚拟化。

服务端虚拟化是以已经树立业界地位的 Vmware、Microsoft 以及 Citrix 等公司为代表的虚拟化业界里最活跃的部分，运用服务器虚拟技术，一个物理的机器可以被分成多个虚拟的机器。在这种虚拟化技术的背后，其核心是 Hypervisor(虚拟机监视器)的概念。Hypervisor 是很小的一层，它可以拦截操作系统对硬件的调用。Hypervisor 典型的作用是为驻留在其之上的操作系统提供虚拟的 CPU 和内存。

服务端虚拟化技术带来了许许多多好处，主要有以下几方面。

(1) 提升硬件的利用率——带来的结果是硬件的节省，减少了管理的开销，并节约了能源。

(2) 安全——干净的镜像可用来重建受损系统。虚拟机同样可以提供沙盒和隔离来限制可能的攻击。

(3) 开发——调试和性能监控的用例能够以可重复的方式方便地搭建起来。开发者也可以容易地访问平时在他们的桌面系统上不易安装的操作系统。

相应地，服务端虚拟化技术的应用也会有一些潜在的不利因素。

1) 安全——如此一来，就有了更多的入口点需要去监测，如 Hypervisor 和虚拟网络层。一个损坏的镜像也会随着虚拟技术的应用而传播开去。

2) 管理——虽然需要维护的物理机器少了，但机器的总和可能是更多了。维护的活儿对管理员提出了更高的要求，也许是需要一些新的技术或者去熟悉一些之前并不需要的软件。

3) 许可 / 成本会计——许多软件许可模式并没有考虑到虚拟化。比如在一台机器上运行四份 Windows 的复本也许会分别需要四份许可证。

4) 性能——虚拟技术将有效地划分一台物理机器上的资源，比如 RAM 和 CPU 等。再加上 Hypervisor 的开销，对于追求性能最大化的环境而言可能这并不是最理想的结果。

7.3.3 桌面 / 应用程序虚拟化

虚拟化并不仅仅是一门服务器领域的技术。在客户端，它也大量地运用于桌面以及应用层面。这种虚拟化技术可以细分为四种类别：本地应用虚拟化 / 流处理、托管应用虚拟化、托管桌面虚拟化和本地桌面虚拟化。

托管应用虚拟化允许用户从本地机器访问物理上运行在网络某处的程序。本地虚拟化的应用程序也时常借助于虚拟注册与文件系统来保持其与用户物理机器的隔离与自身的纯净。托管应用虚拟化允许用户从本地机器上访问物理上运行在网络某处的程序。应用虚拟化带来的好处包括以下几方面。

(1) 安全——虚拟应用程序通常运行在用户模式，从而与 OS 级别的函数隔离开来。

(2) 管理——虚拟程序的管理和修补都可以在集中的位置进行。

(3) 遗留支持——通过虚拟技术，遗留应用可以运行于它们初始设计所不支持的现代操作系统上。

(4) 获取——虚拟程序可于集中位置随需而装，并提供故障转移与复制备份的功能。

托管桌面虚拟化与托管应用虚拟化是类似的，将用户的体验扩展到整个桌面。桌面虚拟化带来的好处，大部分也是和应用虚拟化相同的。

1) 高可用性——有了复制与容错的托管配置，宕机时间可以最小化。

2) 扩展的恢复周期——更大容量的服务器以及有限的客户端需求可以延长其寿命。

3) 多桌面——用户可从同一台客户端上访问多个桌面套件以进行各种工作。

7.3.4 网络虚拟化

网络虚拟化就是在服务器硬件和网络硬件中添加了一个软件层，使得服务器网络硬件完全独立。于是，服务器 A 不再隶属于网络连接点(node)A 了，而是可以成为任意网络系统中的任意连接点。这种技术带来的效果是，网络与硬件分离，服务器和网络的应用率都大大提高。虚拟专用网(VPNs)多年来都是网络管理员工具箱中的一个普及的部件，并且有大部分公司都允许 VPN 的使用。虚拟局域网(VLANs)是另一个普遍使用的网络虚拟化概念。

网络虚拟化带来的好处包括以下几方面。

(1) 定制的访问——管理员可以快速地定制访问和网络选项，比如带宽节流以及服务质量。

(2) 合并——物理网络可以被组合成一个单一的虚拟网络来整体简化管理。

如服务端虚拟化一样，网络虚拟可能增加复杂性和各种开销，以及对管理员的技能将提出更高的要求。

7.3.5 存储虚拟化

另一个常常虚拟化的计算概念就是存储，存储虚拟化指的是将物理存储抽象成逻辑存储的过程。存储虚拟化是基于托管并提供特殊设备驱动，且提供数组控制器、网络交换器及独立的网络器件。存储虚拟化技术的好处在于以下几方面。

(1) 迁移——数据可于存储位置间轻易地迁移，并且不会影响以多种方式对虚拟分区的实时访问。

(2) 利用率——类似于服务端虚拟化，在超负荷或低效率的时候可以平衡存储设备的利用率。

(3) 管理——许多主机可以利用同一个物理设备的存储，因此便于集中式的管理。

存储虚拟化是一个概念而非一个标准，因此各个供应商之间常常无法进行互操作。

7.4 三 网 融 合

7.4.1 三网融合的基本概念

三网融合是一种广义的、社会化的说法，在现阶段它并不意味着电信网络、计算机通信网络和有线电视网络三大网络的物理合一，而主要是指高层业务应用的融合。所谓“三网融合”，就是指电信网、广播电视网和计算机通信网的相互渗透、相互兼容，并逐步整合成为全世界统一的信息通信网络。其表现为技术上趋向一致，网络层上可以实现互联互通，形成无缝覆盖，业务层上互相渗透和交叉，应用层上趋向使用统一的 IP 协议，在经营上互相竞争、互相合作，朝着向人类提供多样化、多媒体化、个性化服务的同一目标逐渐交汇在一起，行业管制和政策方面也逐渐趋向统一。"三网融合"是为了实现网络资源的共享，避免低水平的重复建设，形成适应性广、容易维护、费用低的高速带宽的多媒体基础平台，如图 7.4.1 所示。

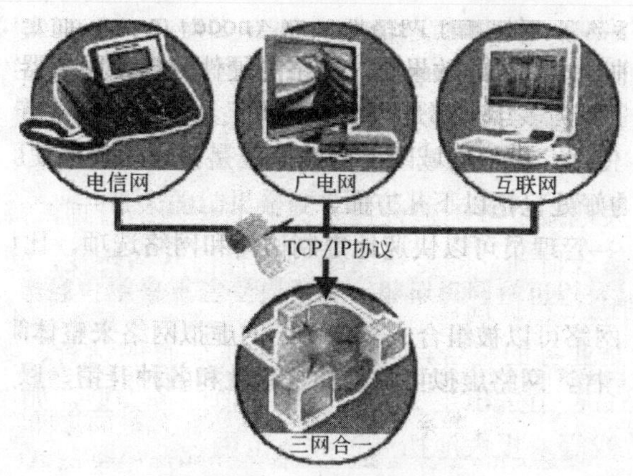

图 7.4.1 三网融合示意图

7.4.2 三网融合的技术基础

三网融合，在概念上从不同角度和层次上分析，可以涉及技术融合、业务融合、行业融合、终端融合及网络融合。更主要的是应用层次上互相使用统一的通信协议。IP 优化光网络就是新一代电信网的基础，是所说的三网融合的结合点。三网融合有 3 个重要技术基础。

(1) 成熟的数字化技术，即语音、数据、图像等信息都可以通过编码成 0 和 1 的比特流进行传输和交换，这是三网融合的基本条件。

(2) 采用 TCP / IP 协议。只有基于独立 IP 地址，才能实现点对点、点对多点的互动，才能使得各种以 IP 为基础的业务能在不同的网上实现互通。

(3) 光通信技术。只有光通信技术才能提供足够的信息传输速度，保证传输质量，光通信技术也使传输成本大幅下降。

目前三网融合的主要应用包括互联网电视(IPTV)和网络电话(VOIP)。

IPTV 即交互式网络电视，是一种利用宽带有线电视网，集互联网、多媒体、通信等多种技术于一体，向家庭用户提供包括数字电视在内的多种交互式服务的崭新技术。IPTV 融合了电视业务和电信业务的特点。其优势在于"互动性"与"按需观看"，彻底改变了传统电视单向播放的缺点。

VOIP 又名宽带电话，是指基于宽带技术实现的计算机与计算机、计算机与电话、电话与电话之间的通话业务。因无须搭建专属网络，VOIP 的运营成本低，通话资费大大低于传统电话。

7.4.3 三网融合的意义

三网融合不仅是将现有的网络资源有效整合、互联互通，而且会形成新的服务和运营机制，有利于信息产业结构的优化，以及政策法规的相应变革。融合以后，不仅在信息的传播、内容和通信服务的方式上会发生很大变化，企业应用、个人信息消费的具体形态也将会有质的变化。其优势主要体现在以下几个方面。

(1) 信息服务将由单一业务转向文字、话音、数据、图像、视频等多媒体综合业务。

(2) 有利于极大地减少基础建设投入，并简化网络管理，降低维护成本。

(3) 将使网络从各自独立的专业网络向综合性网络转变，网络性能得以提升，资源利用水平得到进一步提高。

(4) 三网融合是业务的整合，它不仅继承了原有的话音、数据和视频业务，而且通过网络的整合，衍生出了更加丰富的增值业务类型，如图文电视、VOIP、视频邮件和网络游戏等，极大地拓展了业务范围。

(5) 三网融合打破了电信运营商和广电运营商在视频传输领域长期的恶性竞争状态，各大运营商将在一口锅里抢饭吃，看电视、上网、打电话资费可能打包下调。

(6) 三网融合应用广泛，遍及智能交通、环境保护、政府工作、公共安全、平安家居、智能消防、工业监测、老人护理、个人健康等多个领域。

我国在 2010—2012 年广电和电信业务双向进入试点，2013—2015 年，全面实现三网融合，为此，政府给予金融、财政、税收等支持，将相关产品和业务纳入政府采购。未来，用户的消费生活必然是这样一幅蓝图：可以用电视遥控器打电话，在手机上看电视剧，随需选择网络和终端，只要拉一条线、接入一张网，甚至可能完全通过无线接入的方式就能满足通信、电视、上网等各种应用需求了。而对于物流行业来说，客户发货可以随时随地用手机迅速查到合适的物流公司，并立即下单；物流公司则可以通过手机视频看到客户的货的大致情况，并立即决定派什么样的车去提货；发完货以后，客户也能随时自主追踪货物的状态，直到货物安全到达最终用户手里。

7.5 全光通信技术

全光通信技术也是一种光纤通信技术，该技术是针对普通光纤系统中存在较多的电子转换设备而进行改进的技术。该技术确保用户与用户之间的信号传输与交换全部采用光波技术，即数据从源节点到目的节点的传输过程都在广域内进行，而在各网络节点的交换则采用全光网络交换技术。

7.5.1 全光网络的概念

全光网络(All Optical Network，AON)是指网络中端到端用户节点之间的信号传输与交换全部采用光波技术，即信号以光的形式穿过整个网络，直接在广域内进行信号的传输、再生、光交叉连接、光分叉复用和交换/选路，中间不需要经过光\电、电\光转换，以达到全光透明性。全光通信网实现了通信传输部分的全光化。全光通信网的概念如图 7.5.1 所示，全光网络的基本结构如图 7.5.2 所示。

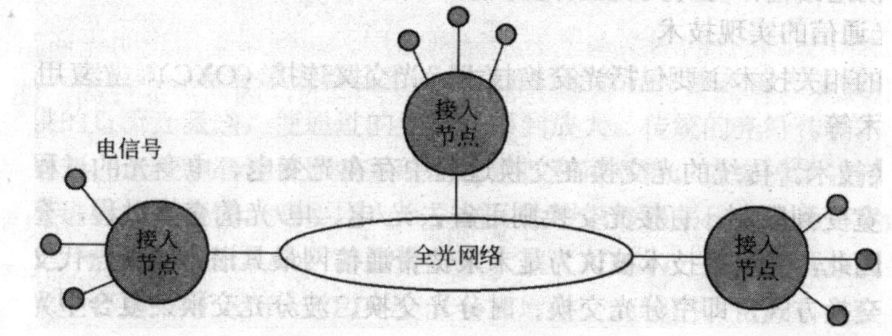

图 7.5.1　全光通信网络的概念

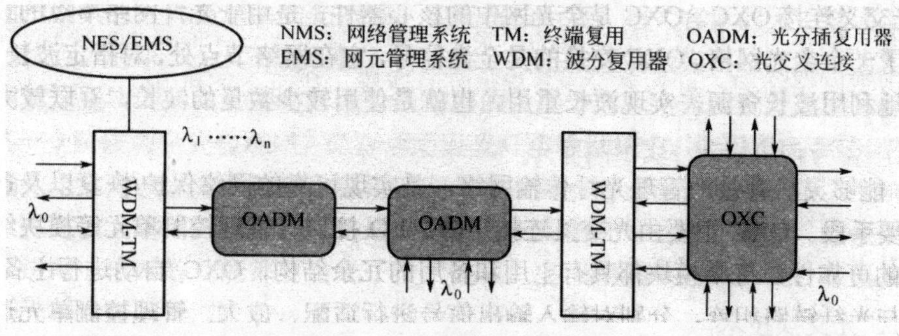

图 7.5.2　全光网络的基本结构

全光通信网由内部全光网部分和通用网络控制部分组成，内部全光网是透明的，能容纳多种业务格式，网络节点可以通过选择合适的波长进行透明的发送或从别的节点处接收。通过对波长路由的光交叉设备进行适当配置，光传输可以扩展到更大的距离。外部控制部分可实现网络的重构，使得波长和容量在整个网络内动态分配以满足通信量、业务和性能需求的变化，并提供一个生存性好、容错能力强的网络。

7.5.2 全光网络的特点

全光网可使通信网具备更强的可管理性、灵活性、透明性，它具有如下以往传统通信网和现行光通信系统所不具备的优点。

1．透明性

全光网通过波长选择器来实现路由选择，即以波长来选择路由，对传输码率、数据格式以及调制方式具有透明性的优点。可提供多种协议业务，不受限制地提供端到端业务。由于全光网中信号的传输在全光域中进行，信号速率、格式等仅受限于接收端和发射端，因此全光网对信号是透明的。

2．可靠性

由于全光网比现有的网络多了一个光网络层，端到端采用透明光通路连接，沿途没有光电转换与存储，网中许多光器件都是无源的，因而可靠性高，便于维护。

3．可扩展性

全光网加入新的网络节点时，不影响原有的网络结构和设备。不仅可以与现有的通信网络兼容，还可以支持未来的宽带综合业务数字网以及网络的升级，具有网络可扩展性。

4．可重构性

全光网还可以根据通信容量的需求，实现恢复、建立、拆除光波连接，即动态地改变网络结构，可为突发业务提供临时连接，从而充分利用网络资源。

7.5.3 全光通信的实现技术

全光网络的相关技术主要包括光交换技术、光交叉连接(OXC)、光复用／解复用技术和无源光网络技术等。

1．光交换技术

传统的光交换在交换过程中存在光变电、电变光的过程，使得整个光通信系统的带宽受到限制。直接光交换则可省去光／电、电／光的交换过程，充分利用光通信的宽带特性，因此，光交换技术被认为是未来宽带通信网最具潜力的新一代交换技术。光交换主要有 5 种交换方式，即空分光交换、时分光交换、波分光交换、复合型光交换及自由空间光交换。

2．光交叉连接 OXC

OXC 是全光网中的核心器件，是用于光纤网络节点的设备，它与光纤组成了一个全光网格。OXC 交换的是全光信号，它在网络节点处，对指定波长进行互联，从而有效地利用波长资源，实现波长重用，也就是使用较少数量的波长，互联较大数量的网络节点。

OXC 能够灵活有效地管理光纤传输网络，是实现可靠的网络保护、恢复以及自动配线和监控的重要手段。OXC 主要由光交叉连接矩阵、I / O 接口、管理控制单元等模块组成。为增加 OXC 的可靠性，每个模块都具有主用和备用的冗余结构，OXC 自动进行主备倒换。I / O 接口直接与光纤链路相连，分别对输入输出信号进行适配、放大。管理控制单元通过编程对光交叉连接矩阵、I / O 口模块进行监测和控制。光交叉连接矩阵是 OXC 的核心，它要求无阻塞、低延迟、宽带和高可靠，并且要具有单向、双向和广播形式的功能。OXC 也有空分、时分和波分 3 种类型。

3．无源光网技术(PON)

无源光网可看作是由无源光器件组成的光分配网，多用于接入网部分。它以点对多点方式为光线路终端(OLT)和光网络单元(ONU)之间提供光传输媒质，而这又必须使用多址接入技术。目前使用中的有时分多址接入(TDMA)、波分复用(WDM)、副载波多址接入(SCMA)3 种方式。PON 中使用的无源光器件有光纤光缆、光纤接头、光连接器、光分路器、波分复用器和光衰减器。拓扑结构可采用总线型、星型、树型等多种结构。

4．光复用 / 解复用技术

(1) 光时分复用(OTDM)。OTDM 是用多个电信道信号调制具有同一个光频的不同光信道，经复用后在同一根光纤传输的扩容技术。光时分复用技术主要包括超窄光脉冲的产生与调制技术、全光复用 / 去复用技术、光定时提取技术。

(2) 波分复用(WDM)。光波分复用是为了充分利用单模光纤低损耗区巨大的带宽资源，根据每一个信道光波频率(或波长)的不同而将光纤的低损耗窗口划分成若干个信道的技术。WDM 技术是把光波作为信号的载波，在发端采用合波器将不同规格波长的信号光载波合并起来送入一根光纤进行传输，在接收端再由一分波器将这些不同波长承载不同信号的光载波分开的复用方式。采用 WDM 技术特别是 DWDM，不仅可以扩大通信容量，而且可以为通信带来巨大的经济效益。

(3) 光分插复用(OADM)。光分插复用器设备在光波长领域内具有传统 SDH 分插复用器在时域内的功能。特别是分出功能可以使 OADM 从一个 WDM 光束中分出一个信道，并且一般是以相同波长往光载波上插入新的信息的插入功能。对于 OADM，在分出口和插入口之间以及输入口和输出口之间必须有很高的隔离度，以最大限度地减少同波长干涉效应。

5．光纤放大器技术

光纤放大器技术就是在光纤的纤芯中掺入能产生激光的稀土元素，通过激光器提供的直流光激励，使通过的光信号得到放大。传统的光纤传输系统是采用光—电—光再生中继器，这种中继设备影响系统的稳定性和可靠性，为去掉上述转换过程，直接在光路上对信号进行放大传输，就要用一个全光传输型中继器来代替这种再生中继器。适用的设备有掺铒光纤放大器(EDFA)、掺镨光纤放大器(PDFA)、掺铌光纤放大器(NDFA)。目前光放大技术主要是采用 EDFA。EDFA 具备高增益、高输出、宽频带、低噪声、增益特性与偏振无关等一系列优点。

全光通信网具有处理高速率的光信号，实现超长距离、超大容量的无中继通信提高网络效率等多种优点，寻求一个具有透明性、可扩性、可重构性的全光网络方案，为实现未来的宽带通信网奠定坚实的基础，势将其作为通信网的发展方向。全光网的发展目标，分两个阶段完成。第一个阶段为全光传送网，即在点对点光纤传输系统中，全程不需要任何光电转换。长距离传输完全靠光波沿光纤传播，称为发端与收端间点对点全光传输。第二个阶段为完整的全光网，在完成上述用户间全程光传送网后，有不少的信号处理、储存、交换以及多路复用 / 分用、进网 / 出网等功能都要由光子技术完成。完成端到瑞的光传输、交换和处理等功能，这是全光网发展的第二阶段，即完整的全光网。

参 考 文 献

[1] 张焕国．信息安全工程师教程[M]．北京：清华大学出版社，2016.
[2] 黄永峰．网络隐蔽通信及其检测技术[M]．北京：清华大学出版社，2016.
[3] 兰巨龙．网络安全传输[M]．北京：人民邮电出版社，2016.
[4] 彭新光．信息安全技术与应用[M]．北京：人民邮电出版社，2013.
[5] 杨文虎．网络安全技术与实训[M]．北京：人民邮电出版社，2011.
[6] 黄宇宪．Windows Server 2008 网络操作系统[M]．北京：科学出版社，2011.
[7] 李治国．计算机病毒防治实用教程[M]．北京：机械工业出版社，2011.
[8] 陈明．网络安全教程[M]．北京：清华大学出版社，2004.
[9] 范洪彬，裴要强．加密与解密实战全攻略[M]．北京：人民邮电出版社，2010.
[10] 冯登国．信息安全技术概论[M]．北京：电子工业出版社，2014.
[11] 付忠勇，赵振洲．网络安全管理与维护[M]．北京：清华大学出版社，2009.
[12] 胡昌振．网络入侵检测原理与技术[M]．北京：北京理工大学出版社，2006.
[13] 黄永峰，李星．计算机网络教程[M]．北京：清华大学出版社，2006.
[14] 雷震甲．网络工程师教程[M]．北京：清华大学出版社，2005.
[15] 李振银．网络管理与维护[M]．北京：中国铁道出版社，2004.
[16] 李志球．计算机网络基础[M]．北京：电子工业出版社，2010.
[17] 林涛．计算机网络安全技术[M]．北京：人民邮电出版社，2007.
[18] 刘士清，田力．计算机网络实用教程[M]．北京：机械工业出版社，2005.
[19] 刘远生．计算机网络安全[M]．北京：清华大学出版社，2006.
[20] 卢豫开．Windows Server 2008 网络服务[M]．北京：机械工业出版社，2011.
[21] 马国富．网络安全技术及应用[M]．北京：北京大学出版社，2010.
[22] 卿斯汉．操作系统安全[M]．北京：清华大学出版社，2011.
[23] 邱建新．计算机网络技术[M]．北京：机械工业出版社，2012.
[24] 邵波．计算机网络安全技术及应用[M]．北京：电子工业出版社，2005.
[25] 石美红，赵永安．计算机网络工程[M]．西安：西安电子科技大学出版

社，2004.
[26] 石淑华，池瑞楠．计算机网络安全技术[M]．北京：人民邮电出版社，2012.
[27] 石志国．计算机网络安全教程[M]．北京：清华大学出版社，2007.
[28] 汤永利．信息安全原理[M]．北京：电子工业出版社，2017.
[29] 王清贤．网络安全实践教程[M]．北京：电子工业出版社，2016.
[30] 王群．计算机网络安全技术[M]．北京：清华大学出版社，2008.
[31] 谢希仁．计算机网络[M]．北京：电子工业出版社，2008.
[32] 徐敬东，张建忠．计算机网络[M]．北京：清华大学出版社，2009.
[33] 徐茂智．信息安全与密码学[M]．北京：清华大学出版社，2007.
[34] 杨云．网络服务器搭建、配置与管理 Linux 版[M]．北京：人民邮电出版社，2015.
[35] 袁津生．计算机网络安全基础[M]．北京：人民邮电出版社，2013.
[36] 张滨．移动网络安全体系架构与防护技术[M]．北京：人民邮电出版社，2016.
[37] 张敏波．网络安全实战详解[M]．北京：电子工业出版社，2008.
[38] 张庆华．网络安全与黑客攻防宝典[M]．北京：电子工业出版社，2007.
[39] 张同光．Linux 操作系统[M]．北京：清华大学出版社，2014.
[40] 朱广军．计算机网络教程[M]．北京：清华大学出版社，2005.